放膽射月！
全球最聰明大學
「奇點」教我的事

葛如鈞——著

認識奇點大學

學習目標

[10.10.10]

在 10 個禮拜之內，提出一個能在 10 年內改變 10 億人生活的計畫。

創立年分

2008

由知名未來學家雷‧柯茲威爾、X 大獎創辦人彼得‧戴蒙迪斯、網際網路之父溫瑟夫創辦。

地點

位於加州矽谷，NASA 埃姆斯研究中心內

加州矽谷

每年錄取率

2%

年申請人數：4000 位
年錄取人數： 80 位

申請人來自國家

120

葛如鈞為台灣第一位獲選進入奇點大學的學員

學費（美金）

$30000

葛如鈞藉由募資平台 FlyingV，在七天內獲三百多人贊助，募到新台幣一百萬的學費。

贊助者

Google   NASA

Google 已注資該校 100 多萬美元，NASA 與其他主要公司也陸續投入資金，以支持學校的建設與發展。

關注議題

水　　糧食　　醫護　　教育　　能源　　環境　　安全問題　　貧窮

學習領域

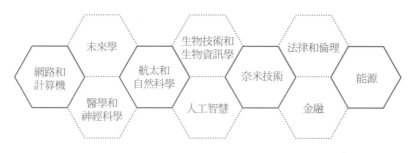

未來學

生物技術和生物資訊學

法律和倫理

網路和計算機

航太和自然科學

奈米技術

能源

醫學和神經科學

人工智慧

金融

夢幻講師團隊

奇點大學校長／ 知名未來學家 雷·柯茲威爾	電子前鋒基金會前董事主席 布萊德·坦普頓	德州大學能源市調機構總監 雪瑞兒·柯珊保
	麻省理工學院 史隆管理研究所教授 艾瑞克·布林優夫森	史丹佛大學未來學教授 保羅·沙佛
X 大獎創辦人 彼得·戴曼迪斯	合成生物學教授 愛德華·博伊登	《精實創業》作者 艾瑞克·萊斯
特斯拉電動車公司執行長 伊隆·馬斯克	劍橋大學醫學專家 艾伯·得桂	

成果

迄今已造就 45 家新創公司，以及各種天馬行空的前瞻性點子，包括用 3D 列印技術在開發中國家列印住宅、將普通房車改造成油電混合車解決汙染問題、將女性衛生用品「智慧化」為重大疾病做到提前警示……等。

奇點大學官方網站

Chapter1
前進奇點

一分耕耘一分收穫，這是我們從小所習慣的線性思考，但難道前進奇點大學只能是我個人的收穫與經驗嗎？如果我透過這次取經，可以影響成千上萬，甚至更多的人呢？「為何不去？我想去！我必須去！」

Chapter2

奇點生活

究竟去奇點大學會對我的人生造成什麼樣的改變？
會不會是個根本不值得募款百萬，特地前往的地方？

Chapter3

奇點思辨

某些工作將全面由機器人、人工智慧取代的時代，一定會比想像得還要更快來臨。而每一個國家，或者說來自每一個國家的我們，都有責任在回到自己的國家時，努力宣揚這件事，並且帶領大家做好準備。

Chapter4

奇點之後

指數型科技的浪潮，很明顯地已即將拍打上岸，席捲整個社會。每一個衝擊，都是當代人類該提前論辯、擔憂的，而曾為科技之島的台灣，也早該投入思辨，只可惜目前尚未有太多聲音。

推薦序

前進奇點，
是挑戰世界第一的起點！

李奧貝納廣告公司品牌策展總監
周子元

　　回想第一次聽到大寶（如鈞長得像綽號「小寶」的歌手張雨生，故得此小名）興奮地跟我暢談「奇點大學」的申請計畫，我有些難為情地劈頭先問：「請問……這該念『ㄑㄧˊ』點，還是『ㄐㄧ』點啊？」是的，一個每天被工作追著跑的宅男（自稱，無任何指涉性貶意）如我，怎麼會知道「奇點大學」哩？不過，這就是大寶，永遠比別人早一步知道這個世界好玩的地方！從 3D 列印、drone 四軸飛行器、VR 虛擬實境、360 度環景錄影、環保動能……等，這些年讓我

著迷的新鮮玩意兒，都是拜大寶毫無保留地與我分享之賜，讓我得以跟上未來的腳步。

　　當然，「奇點大學」可不是光憑對未來充滿想像力、有探索世界的熱情，加上很會用 Google 或是 Gmail 就可以進去觀光的地方。試想，你需要獨自接受全球頂尖人才對你馬不停蹄地懷疑；你肩負代表國家的使命感，挑戰頂尖權威；它考驗的不只是個人資質與努力，同時也是對自己國家國民素質的再次洗禮。這就是「奇點大學」首當其衝的試煉！若我有幸提名一位人才代表台灣參賽挑戰，大寶無疑是我心中的不二人選！

　　然而，當大寶向大眾提出申請「奇點大學」的學費募資計畫時，我內心興奮與不安頓時同時湧現。我一方面對於又有一位台灣人，有機會向世界證明這片土地所孕育出的無限想像力與指數型創造力感到激動；同時，也擔心台灣鄉民會否對於這樣一個良機，表示出無動於衷的冷感態度。不過事

實證明，我多慮了！就在我第一時間刷卡支持這個計畫的同時，個人臉書牆上早被朋友轉貼的募資訊息洗版，那一刻我才明白，大寶前進「奇點」，只是台灣在新創領域挑戰世界第一的「起點」！而我們與大寶透過募資牽起手，一起凝聚出一股改變現狀的力量！

《放膽射月！全球最聰明大學「奇點」教我的事》書中講述的不只是他在矽谷親身目睹的精采新奇，透過他的所見所聞，我相信能鼓勵更多優秀人才挑戰窠臼、創造不可能。

最後，想與和大寶一樣，或者希望與大寶一樣，懷抱「放膽射月」勇氣的朋友們分享一句話：「月色宜人宜射月。」很多事不只一種可能，試著倒過來念看看！

推薦序　未來正在發生，一起大膽吧！

「女人迷 Womany」共同創辦人暨執行長
張瑋軒

　　葛如鈞，是我自創業以來就認識的朋友，朋友們都叫他大寶，或是寶博士。認識他的時候，就覺得他非常神奇，他喜歡文學、熱愛科技、酷愛互動設計、講究生活品味，幾乎任何你想得到的，他都能有所領悟講出心得。直到他在去年成為第一個進入奇點大學的台灣人，還登上小巨蛋分享演講，有時候我們甚至幾乎會覺得這條不一樣的路，對他來說都是一種理所當然。

　　但真的想想，這樣的理所當然，其實一點都不理所當

然。這些理所當然，都只因為他不斷地踏出自己的舒適圈，放膽去做所有他想做的。

　　What will you do if you are not afraid?（假如你什麼都不怕，你會做什麼？）臉書營運長雪柔・桑德伯格不斷用這句話，鼓勵每個女孩放膽去做自己所有想做的，不被社會性別框架限制。這不僅是所有創業者會問自己的話，不僅是鼓勵女孩勇敢踏出第一步的話，也是我在葛如鈞身上看到的最重要特質。他從來不被自己限制，不被社會限制，不被想像限制。而這本書，就是不斷鼓勵讀者往前邁進、大膽想像，想像自己的各種可能，想像世界與宇宙間的各種可能！這也是奇點大學最希望能培育的未來。

　　未來，是所有現在的累積；未來，需要大膽的想像；未來，需要我們一起創造。

　　奇點大學的第一位台灣學生，只是一個起點，期待接下來的第二位、第三位、第一百位。

　　學校只是一個起點，期待我們可以一起創造前所未見的
未來。

　　未來，正在發生。

　　讓我們一起，大膽吧！

前言

前進神奇學院

　　一直到現在，我仍然清楚記得我是怎麼發現奇點大學的。2012 年，我所創辦的行動科技整合設計公司 Linkwish 之業務正如火如荼地成長，主要是公司的服務從製作自主性產品（社群服務），逐漸轉移到替企業和品牌製作手機應用程式，如摩斯漢堡的訂餐 App、與誠品書店接洽製作數位會員 App 等。

　　雖然業務蒸蒸日上，但我對那樣的現況發展不是很滿意，和其他三位創辦人討論後發現，原來一開始成立公司的初衷：「建立自己的服務，改變世界」，已經改為「建立別人的服務，改變台灣」。沒有不好，但是目標變小了，動機

的軸心也改變。原來，在不知不覺中，因為我沒有做好定期溝通協調，導致核心成員對公司願景早已改變而不自知。

　　與其他共同創辦人徹夜長談之後，我決定退出。退出的當下，也決定先完成博士學業（原先為了創業，決定延後畢業），而完成考試之後隨之而來的，當然就是兵役。

　　我永遠記得在入伍前，於 SLP Taipei（全名為 Startup Leadership Program Taipei，SLP 是一個 2006 年在美國波士頓創立的國際性非營利教育組織，以提供創業知識與人際網路輔導新創團隊為主要核心事務）的內部畢業簡報上，我放了兩張圖，一張是歌手張雨生《想念我》的專輯封面，封面圖像是張雨生穿著軍裝要入伍去了，代表著我將離開公司的宣告；而另一張圖則是同樣畫面，但我用影像編輯軟體把張雨生原本敬禮的右手轉了下來，表示我退伍後的計畫，是去一個叫做「奇點大學」的地方。

　　在資誠會計師事務所贊助提供的會議室裡，我和 SLP Taipei 的幾個年輕創業夥伴們，介紹這個我在 TED 網站上

看到的一所神奇學校。我說，無論如何，我去定了這個地方。我要去那裡，找尋下一個人生的機會點，台灣的機會點，創新的奇點與起點。

為什麼是奇點大學

為何選擇去奇點大學，許多人都會問我這個問題。而我的答案非常簡單。

在離開 Linkwish 這家我投注諸多心力的新創公司後，我想尋找能站上世界舞台的服務、產品和戰友。我不能待在台灣，我必須離開舒適圈，走向世界。那麼，到底該去哪呢？

我有傳播、設計的背景，也取得資訊工程博士學位，也因緣際會地創了業，在創業過程中了解許多創新與事業經營的經驗與本質。那麼，如果要挑戰世界的話該怎麼開始呢？

沒辦法一下子就出國找工作，這是確定的。那麼，大概就是出國念書了。但自己也已 30 來歲，當完兵馬上老一歲，

再出國花個一、兩年念碩士，可能一來一往就 35 歲了。為
了了解世界，轉眼 35 歲，到時還有多少體力在世界舞台上
拚搏呢？

　　另外，又因為我的跨領域背景和經驗，我思索過是否去
試試申請我畢生的夢想之一：麻省理工學院媒體實驗室，深
化我的設計工程訓練；或者去羅德島藝術學院、英國 RCA
皇家藝術學院等，讓自己更貼近設計人一些。又或者，想辦
法申請某名校商學院，試著把自己變成大部分創業家最討
厭，也認為最沒用的 MBA 學生，把自己的創業經驗做個整
理，帶進大企業。

　　而那天晚上，我看見了奇點大學的介紹，那是未來學家
雷・柯茲威爾（Ray Kurzweil）於 2009 年在 TED 大會上的
演說，看完後我整個頭皮發麻，心裡只有一個念頭：就是這
裡！我要去這裡！

　　這所學校坐落於矽谷，每個創業人一輩子都想去，也一
定要去過一次的地方！而且這所學校不只在矽谷，還是在矽

谷核心地帶裡的神祕地區：NASA 埃姆斯研究中心！身為日本科幻漫畫《宇宙兄弟》的忠實讀者，和長年喜愛倪匡的科幻小說與好萊塢科幻電影的我來說，能夠觸碰任何和 NASA 有關的事，都將是人生中最甜美的回憶！而且，最重要的是創校者柯茲威爾在演講的一頁投影片裡，放了許多關於設計、科技、商業等學科的關鍵字。而最後一個關鍵字，正是我花了多年時間所體驗與學習的「企業家精神」！所以，這是一所設計、工程、科學，以及創業家精神並重的學校，而且，整個課程只有 3 個月！

　　時間、地點、課程內容，簡直就像是從天上掉下來，幫助我解除困擾一樣。如今回想起來，也不知道當時是怎麼連到那則影片的，大概是正隨便逛著 TED 網站看看有沒有哪些厲害影片時，那則影片標題吸引了我：「一所迎接新紀元的大學」。當時的我，正在尋找一個屬於我自己的新紀元，也正在尋找一所學校，能夠包容我這樣擁有多元背景經歷的人，並期盼我們從各種不同的背景當中，融合產出一些全新的東西。我找到了，就是那裡。

奇點大學，我來了！

2014.6

Chapter 1

前進奇點

一分耕耘一分收穫，這是我們從小所習慣的線性思考，
但難道奇點大學只能是我個人的收穫與經驗嗎？
如果我透過這次取經，可以影響成千上萬，
甚至更多的人呢？「為何不去？我想去！我必須去！」

♥ 留言

1　被全世界最聰明的大學錄取了，怎麼辦？

2014 年 4 月 10 日早上 10 點，我在日本收到奇點大學寄來的入學通知，當下真是悲喜交雜。

喜的是，不枉費我熬了好幾個夜晚把申請資料趕完，並成為第一位來自台灣的入選者；憂的是，將近 100 萬的學費（而且還不含機票），該怎麼辦？

腦海中閃過很多念頭：貸款、跟父母借錢、或者乾脆不去，好好在日本把博士後研究工作做完。到底誰說錢能解決的事都是小事了？就在把每個可行的方法都想過一輪

後，突然腦中閃過四個字：**群眾募資**。回頭看了一下奇點大
學的入學規定，沒想到校方也鼓勵每位入選者，透過群眾
募資來籌集前進奇點的學費，目的是要考驗每位入選奇點
的學員，能在母國發揮一定的號召力，以及抱持「射月勇
氣」的決心。不過，有可能募資嗎？怎麼募資？我又沒有產
品可賣，又不是什麼大人物，該怎麼募？而又該怎麼設定
回饋機制？此外，什麼時候開始募資，目標該設定多少？
我用 Skype 打了通越洋電話，詢問在台灣創辦「有物報告」
的好朋友 M，因為他前些時候才舉辦了一場成功的收費論
壇。

　　我的想法是，我是不是可以用這樣的訴求：「我要前進
矽谷，進去那個連電動車巨擘特斯拉公司創辦人伊隆‧馬斯
克都是講師，而且嘻哈流行音樂團體黑眼豆豆主唱是學長的
奇點大學。不過，我需要靠大家的幫忙，透過群眾募資，籌
措百萬學費。

　　「只要我能成功前往，課程中我會隨時越洋報導當全世

界最聰明的人聚集在一起時，都在做些什麼。回台灣後，我還會舉辦講座分享在奇點大學裡所學、所聞、所見。」

　　我詢問了 M 這想法實現的可能性，我還記得從代官山車站撥電話給他開始到我回到家，我們從黃昏討論到黑夜，M 說：「可以，但這方法不見得簡單，反而很辛苦，別小看。」

　　眼看兩個月後就要入學，迫在眉睫的期限讓我不得不即刻動身飛回台灣尋求智囊團的協助，我在抵達台灣隔天便緊急約了兩個好朋友 K 與 S 見面。

　　K 是我的台大博士班學弟，除了學長學弟關係，我們也在一個頗為知名的共筆部落格上列名共同作者。S 則是 K 的大學同學兼老友，也是前谷歌天字第一號的台灣員工。

　　早上八點的約會有些早，不過這也是我們三人唯一能夠擠出來的會面時間了。

　　我向 K 與 S 說，我被一個全台灣沒多少人知道的大學

錄取時，當下他們應該都在心裡擔心我是否上了當，以及內心都在問自己為什麼要這麼早出門聽我胡言亂語。不過，當我向他們解釋奇點大學得到谷歌與 NASA 的贊助與支持時，他們隨即了解這大學可不是什麼奇怪的野雞學校，這所學校堪稱全球最聰明的大學啊！接著，我說出心裡的掙扎與拉扯，包括前些日子在台灣接到的工作邀約、進行到一半的日本博士後研究，以及那昂貴的學費問題。

　　S 聽完後，眼神飄移到了大約左上方的位置，如果人類思考時，頭腦旁有個燈泡會亮起，那麼 S 那時大概也正看著那個地方。

　　過了大約 10 秒，S 轉回來看著我，很堅定地對我說：「如果我是你，我一定會去，排除萬難也要去。學費就勇敢地向群眾募資吧！如果募不到，我來想辦法解決！」

　　霎時眼淚差點流下，但最重要的是，我內心充滿了勇氣，決定迎向這個挑戰！

為何我要花錢讓你過爽日子？

在遞出奇點大學的入學申請書時我義無反顧，但想到募資，我怕死了，真的。一旦決定要募資，就真的得做好萬全準備。要募資成功，我不只得想盡辦法說服自己，還得想盡辦法擬出一份具有說服力，期望能夠說服別人的募資計畫。

隔天傍晚，我約了一位熟識的廣告公司主管 H，我問了幾個關鍵問題，包含要怎麼進行募資，怎麼說服朋友和網友贊助我，讓我募得 100 萬；究竟要多少人提供，平均又應該要提供多少，才能在期限內達到 100 萬募資；到底要主打什麼樣的訴求，又要訴求什麼樣的族群，才能真正收到成效。

我們一直討論到傍晚時分，許多募資計畫的點子都在那個約會當中誕生。當然，具體的募資回饋、金額設計等，都還沒辦法確定。唯一確定的，只是「有機會，就去做吧！」這件事。

　　接著，我便從身邊最好的朋友當中，找出 10 位有足夠時間，有足夠餘力思考，有機會贊助我，也有影響力讓別人也贊助這個計畫的好朋友，組成一個超機密的臉書討論小組，並且寫了一封長信給每一個在這群組裡的朋友，一樣從頭解釋什麼是奇點大學，我為何一定要去，以及我需要什麼樣的幫助。

　　各位可能很難想像，在那過程當中，我寫了多少信，發了多少封短訊，一個又一個，一晚又一晚，跟一位又一位的朋友，討論著該如何讓這個瘋狂的夢想成真。

　　直到募資計畫上線前幾天，我把募資計畫的文稿與圖稿整合之後，傳送給一位好朋友看，他給我的回應竟然是「看起來好爽喔，我們為什麼要花錢讓你去過爽日子啊？」我知道他沒有惡意，但我的心還是涼了半截，如果連這麼好的朋友都不願意提供贊助，或者就算贊助了也覺得是丟到水溝裡讓別人去爽的，那又怎麼可能說服素昧平生的網友們，打開

皮夾給予贊助呢?

　　就這樣,我一次又一次地修改募資計畫的內容,也一位又一位地寄出說明這個計畫的信件,也寫信給許多有影響力的人,甚至也寄信給學校的教授,過程中我得到許多打氣和支持,當然也有許多人誠懇地建議我不要進行這個募資計畫──因為沒有成功的條件。

　　總之,在心情上沖下洗好幾個月後,我的募資計畫還是如期上線了。

　　募資開始後 15 分鐘,完全沒有半筆資金進來。究竟是真的沒有人願意贊助,還是因為募資平台當時剛好遇到金流處理的問題,導致許多人轉帳、刷卡失敗,直到今天還是個謎。

　　接下來經歷了 7 天又 11 個小時,在許多媒體的報導曝光下,終於順利完成百萬募資。

　　募資最後結果,總共募了 125 萬 9600 元,共有 385 位

贊助者，其中包含 5 家企業贊助，而我也達成台灣個人募
資史上最短時間內募到百萬的成績。

奇點大學校長雷‧柯茲威爾，
在 TED 上發表關於成立奇點大學的演講：
〈一所迎接新紀元的大學〉

2　有錢人參加的短期夏令營？

　　在解決了內心的猶疑、徬徨之後，才想到我得先知會指導我在日本的博士後研究工作的老師，並且當面獲得他的首肯，所以我必須特地再飛回日本一趟。

　　在回日本的班機上我望著窗外，心中暗自決定不管是借錢還是募資，我都去定了。不過，我仍不曉得該怎麼向家人解釋我已決定前往奇點大學這件事。然而家人遲早都要知道的，我告知了家人這個消息，父親便寫了封信給我。

　　父親在信中將奇點大學描述為「有錢人參加的短期夏令營」，與「花大筆鈔票去參加的奇幻大學」，因為對奇點大學太過陌生，所以字裡行間看得出他的不理解與不諒解。

　　的確，以家人的角度而言，我即將放棄已經在日本進行到一半的博士後研究工作，甚至可能因為選擇進入奇點大學就讀，影響到未來的創業、就業，或是從事教職這些明確計畫，對於父親來說，我的決定「愚蠢又離譜」。

　　雖然知道家人的屢屢勸退是為了避免我用盡心力準備，花三個月時間前往美國，花光百萬之後回到台灣卻反而一無所有，我心裡知道這是基於愛與關心，但面對他們「不間斷」地善意提醒，希望獲得他們支持的我還是免不了感到洩氣。

　　一分耕耘一分收穫，這是我們從小所習慣的線性思考，但難道前進奇點大學只能是我個人的收穫與經驗嗎？如果我透過這次取經，可以影響成千上萬，甚至更多的人呢？「為何不去？我想去！我必須去！」透過每次與父親之間的來回討論，那些質疑與解釋，只是讓我更加清楚地聽見內心的這股呼聲。

　　不過平心而論，在募資與希望取得家人諒解這兩大煩惱夾擊之下，前進奇點大學的每一哩路對我來說，都是一場意

志力的考驗。

　　我思考良久，提筆寫下一封給父親的信。

☀ 給父親的信

　　爸，這件事情如上次跟您說的，大致已經決定了。我真的很希望能去一趟。

　　除了我本來就很希望在還算年輕的時候，去日本、歐美各待一段時間，這次拿到這個機會，我也算是圓了一個夢，另外，我也正式獲得奇點大學校方的確認，我將是這所大學從2008年創立以來，第一位來自台灣的學員。

　　而學校的創辦人柯茲威爾教授除了是世界知名的未來學家之外，現在也被谷歌延攬為工程部門總監，掌管谷歌的未來科技發展。另外一位創辦人彼得・戴曼迪斯也是非常知名的人物，除了創辦第一個宇宙飛行器的民間競賽外，接下來TED也會與他合作，舉辦機器人演講

大賽活動。學校請來的教授、講師，都是業界的頂尖人物，例如新創產業裡最有名的一本書《精實創業》作者艾瑞克・萊斯；前太空人丹尼爾・貝瑞（Daniel Thomas Barry）；電子前鋒基金會前任董事主席布萊德・坦普頓（Brad Templeton），甚至還有機會當面見到蘋果電腦共同創辦人史蒂夫・沃茲尼亞克（Steve Wozniak）。

　　當然這還不包括許多珍貴的體驗，包括在 NASA 園區裡實驗、學習，這些都不是一般人去個矽谷兩、三年所能獲得的經驗，而我在三個月內，就有機會全部擁有。我和許多朋友討論過，自己也想得很清楚，這次的挑戰機會難得，我要正面迎接。

　　至於您擔心日本指導教授可能會對我的決定無法諒解，我已和教授分享這個消息，他非常興奮，也很支持我前往奇點大學，並且相信我能在那裡獲得其他地方所無法帶給我的經驗。此外，我也已經和國科會獎學金方面確認過，這二者並沒有衝突，他們說，只要是有助於

NASA 埃姆斯研究中心

學習的機會，政府當然是鼓勵的。

　　關於經費的問題，經過縝密的思考還有與業界朋友多次討論後，我已經和國內最大的線上募資平台 FlyingV 談好合作，他們將全力協助募資計畫的進行。

　　除了我，科技界、學界與新創界的朋友們大家對這個專案都很有信心、也十分期待。現在的我，比我剛申請上時，更期待能從奇點大學帶回些什麼回饋給國人，促使這塊土地上的人們改變思維，進而改變未來。

　　前進奇點大學，不僅是我一個人的挑戰，也將是台灣首次個人用募資方式前往矽谷。不論成敗與否，只要全力以赴，我相信都會是一次創造歷史的機會。

　　希望能獲得您和媽媽的支持。我將決定前往，用我自己的眼睛，去發現、探索未來。

　　　　　　　　　　　　　　　　　　　　　　　　如鈞

3　我如何用 250 字回答一個大哉問？

　　回想決定申請奇點大學的那時候，我連上奇點大學的申請網頁，看了一下申請條件：一、附上兩封推薦信（需提前 1 個月送出，系統會顯示是否順利收到）；二、請回答 5 個問題，每個問題限定用 250 字回答；三、錄一段 2 分鐘介紹影片。

　　關於 5 個問題，分別是「創新領導力、對人道主義的承諾、團隊合作經驗、如何傳遞奇點精神、以及未來的生涯規畫」。

　　回答時必須留意答案中得有以下幾個關鍵：為何這事非

你不可、你的研究領域要鎖定在哪一方面、你要用什麼樣的方式，在 10 年內改變 10 億人的生活等。

　　老實說看完申請條件，心想 250 字一段，總共五段，算起來也才一千多字（英文），這跟寫論文動輒幾萬字比較起來，根本是小事一件！加上我是念傳播、多媒體設計出身，2 分鐘影片也難不倒我。想想整個申請條件中最難的，大概就是得想個與眾不同，感動人心的「改變 10 億人計畫」吧！至少當時我是這麼想的。

　　接下來的幾個禮拜，我不斷構思改變 10 億人計畫的主軸，從第三世界國家如何獲得潔淨飲水，到改善程式設計師的肝與健康等，我絞盡腦汁，但怎麼想都覺得計畫不是那麼恰當，畢竟身在台灣卻說想解決非洲國家飲水問題，或是改善希臘的經濟問題，似乎不太合理。回頭再看過題目，發現主要是「對人道主義的承諾」那題卡住了我的思考。我不僅得回答這個大哉問，而且還得回答到底怎麼發想出來的，以及從哪方面的經驗導致願意挑戰或改善這個問題。

　　最終，我從過去經驗和自身專長出發，最後聚焦在兩個想法上。一個是「找尋適合華人創新創業方法，或建立分享平台」；另一個是「運用最新穿戴式科技與生理感測技術，幫助創新產業社群維繫健康，創造更多價值與改變」。

　　前者強調我過去創業不算成功也不算失敗，小有收穫亦小有挫折的經歷，但主要是想點出華人的文化背景與創新精神格格不入的問題，並且試圖傳達「你們老外都鼓吹我們創業，但我們的文化就是不能和你們那樣搞創新，你們該助我們一臂之力，找出更適合華人文化的創新、創業方法。更進一步想，如果找到了適合華人文化的創新、創業方法，若這世界能在 10 年內多幾位像雅虎的楊致遠、YouTube 的陳士駿、趨勢科技的張明正、小米科技的雷軍或是阿里巴巴的馬雲，豈不是可使全世界都得益受惠？」的想法。

　　後者，主要延續我的博士論文主題，思考如何用科技嘉惠更多的人，讓創業家們能夠更健康，那世界必然可以走得更快更遠。

最後，我選擇了第一項「找尋適合華人的創新創業方法，與平台建立之道」，作為我的「改變 10 億人計畫」，畢竟我有創業經驗，也曾經創辦、經營過創業社群，加上自己的華人背景，估計奇點大學應該會希望容納多元觀點。

💡 250 字的地獄

決定了計畫的題目，也處理完推薦信之後，回到線上表單準備要來好好填寫每一道題目的時候，才發現五個題目裡，每一題都在講不一樣的東西，而且在真的要下筆的那一刻，我腦中一片空白！ 250 字根本就是地獄，因為每一題都是一個大哉問，而每一個大哉問裡還包含著「檢查問題」。

所謂「檢查問題」，是指藏在一個大題內的小題，而其題意是在測試應答者的大題主旨是不是掰出來的，是否離題作答。

舉例來說，第一題「創新領導力」，究竟是在問「創新

的領導方式」，還是在問「有無能力創造新事物的團隊領導」，抑或是「運用創新的領導方式引導團隊創新事物」？此外，還要應答者舉例「你如何運用創新領導力在你的職業生涯當中？」

　　絞盡腦汁度過前四個問題之後，終於來到最後一題的挑戰——「未來的生涯規畫」。最後一題果然是大魔王，這題分兩部分，第一部分要我回答自己的「長期目標」，也就是說無論是否入選奇點都不會改變，一定要做的事、一定會走的方向。第二部分則是要我回答針對剛剛提出的目標，如果參與了奇點課程，我覺得會有何不同？

　　難，真的難！最後一題如果第一部分答得太好，他們也許就會覺得「那你不必來啊」；反之，如果第二部分答得太不好，就算第一部分答得剛剛好，也沒有用。畢竟，第二部分就是一記直拳攻擊：你究竟為何要來奇點大學？

　　在回答完這些問題之後，深深感到奇點大學果然不簡單。畢竟，一個號稱「尋求未來人才、解決當前難題、迎向

奇點創新」的學校，每年收到幾千份申請書，總不可能讓每個申請者都長篇大論自我推銷。此外，雖然已經逼迫應試者使用簡短文章說明問題，卻還是透過一些邏輯的交織，以及表面題意、問答內涵等，藉以推敲應試者的性格、經驗、個性、專長等，以讓他們判定「對！你就是我們要的人。」

　　花了幾天改了又改，總算理出一個初步版本。因為離最後申請日還有一些時間，心想不如詢問一些具有國外升學經驗的朋友的意見，也許他們可以給些建議，做些修改，增加一點錄取機會。因此，我立刻找了《有物報告》創辦人 M。

　　我們約在南港軟體園區的星巴克，M 低頭看我存在筆電上的文件，讀完後他抬頭說：「你這個，完全不行啊。很多地方都要重寫。」

　　我聽了猶如晴天霹靂，M 接著跟我解釋。

　　首先，跟外國人講話不必拐彎抹角，你想講什麼一開始就要講清楚，不要鋪梗，也不必想什麼鋪陳。

　　然後，盡量不要引用其他人講的話，畢竟限制 250 字，

他們只想看你的想法，聽聽你想說什麼，沒人想看你引經據典展示你的「搜尋功力」！

　　也不要都講些美好故事，說些你遭遇挫折之後重新努力奮起的故事，反而會更真實，更讓人印象深刻。雖然每一個題目看似各自獨立，但回答時卻應該貫串同一個主題。譬如，你強調華人創新、創業環境有缺陷，那麼如果在其他題目當中也能夠強化，或者你觀察出來的這些缺陷的解決之道，那對於你所提的「改變 10 億人計畫」就更有說服力。

　　第四、五題看來不起眼，其實很重要。所有的美國名校，無論是招收富二代還是窮學生，都還是希望能夠預期「你能為學校帶來什麼」，同時也很看重「學校能給什麼」。如果不清楚這兩點，對方又怎麼會願意把寶貴的招生名額，以及希望將來能透過優秀畢業生來吸引更多優秀學生入學的機會給你呢？

　　他的意見對我來說猶如醍醐灌頂，他推開桌上的筆電，對我說：「好，你現在先不要想那些問題的回答了，我一題

一題問你，你就當成是跟我閒聊。」接著，他便仔細地跟我
「聊」了起來。

猶如接受一位律師的拷問

事實上，回想起來那天與 M 與其說是聊天，不如說那是
「一位律師的拷問」。因為 M 擁有美國律師執照，念的本
科也是法律，他當時其實就是依照他所受的法律訓練，為了
取得真相，像拷問辯護對象一樣不斷地利用一層又一層更深
入的問題，挖掘出當事人心中對於問題本質的理解，以及心
中真正想說的話。

例如「團隊合作經驗」這題，他劈頭就問：在合作經驗
裡，有沒有慘痛的失敗經驗？你為何不繼續和創業夥伴一起
創業，是不是曾經發生過什麼事？你覺得誰會是團隊裡，最
主要影響你的領導力強弱的人？你覺得你的個性哪裡有問
題，導致大家不願意追隨你？

　　這些問題，題題正中要害，我很想閃躲，但卻不能不回答，因為算算時間，距離送出這份本來自以為自己的回答算是切中題旨、言簡意賅的奇點大學入學考答案卷，只剩下一週，但進度幾乎退回原點。

　　我不得不前進，不得不回答。M 花了一整個下午陪我討論，陪我挖掘那問題底下最根本的答案。每當挖掘到我心中真正想說的話，或總算找到一個合適的故事時，不僅自己會對於題目的答案感到豁然開朗，M 也會馬上發現這就是對方很可能想要的答案。

　　最後一個版本的草稿是在 2014 年的除夕夜當晚定稿的，我還傳了一個最終版本給 M，問他晚上幾點吃年夜飯，有沒有時間幫我看一看（我知道這挺扯的，但為了追尋自己的夢想，我還是決定厚臉皮地尋求好友的幫忙）。

💡 為了 2 分鐘影片，沒得過年

　　大年初一一整天，就在燈光昏黃的工作桌前度過。而我差不多在隔天凌晨 5 點天剛亮的同時，決定停止修改文稿，因為再不處理影片，我就要因為沒有這段 2 分鐘的影片而失去報名資格。我準備了一些圖稿，一張一張地翻閱著給鏡頭前想像中的評審看，一邊用不太輪轉的英文，講著根本沒時間排練的口白，最重要的是，到了這時我才真正仔細閱讀到底這 2 分鐘影片得做些什麼。

　　不看還好，一看之下差點沒（二度）暈倒，竟然是要在 2 分鐘內說明所有紙本文件，履歷、推薦信、問答資料裡沒有提到卻值得一提的事。這還不打緊，第二部分竟然還要在同樣的 2 分鐘內，說明「你的人生熱情何在？」這比「影響 10 億人的計畫」還更大哉問啊！

　　一輩子在成長過程中沒有被問過的問題，現在卻需要在幾個小時內擬好稿子，在一個孤寂的房間裡對著鏡頭用英文

說出來，更何況當時我已經累到腦中不斷出現一種聲音（我沒有瘋掉，但我當時真的聽得見有聲音在腦海裡迴盪）：「你何苦把自己搞得如此勞累？大家過年都在打麻將看電影，你做的這些嘗試不會有任何回報，到頭來只會落得一場空……乾脆就這樣去睡吧，再過幾個小時就要和家人回外婆家，不如好好吃個飯、陪家人聊聊天，快躺上床吧，床很舒服的，這樣才是過年呀！」我咬著牙，與那樣的想法對抗的同時，還得一遍又一遍不斷錄著 2 分鐘影片。

　　我幾乎整整錄了 2 小時，算了算時間只剩不到 1 小時，還得把這些對著鏡頭不斷重複講著同樣的事，卻有不同順暢度和表情的影像，濃縮成 2 分鐘的精選影片。

　　咬著牙、撐著眼，點擊滑鼠、按下輸出影片、上傳網站、貼上連結，最後檢查一次內容，按下送出。當下，我的身體很疲累，但心卻很亢奮，完全沒有睡意。想著這兩個月來為了進入奇點大學，為了成為奇點的第一位台灣學生所做的種種努力，在正式完結的這一刻，我感到滿足。

奇點大學教我的事

○ 想圓夢，除了一股熱血更要計畫周詳。

○ 追逐夢想時，質疑聲音總會相伴而來。毋須因此而退縮，面對懷疑的最好辦法，是用自己的眼睛，去發現、探索。

○ 言簡意賅，直探問題核心本質，是未來領導人必須具備的特質。

○ 用 250 字回答大哉問，考驗學員的理解力，表達力，以及歸納與邏輯思考能力。

Chapter 2

奇點生活

究竟去奇點大學會對我的人生造成什麼樣的改變？

會不會是個根本不值得募款百萬，特地前往的地方？

♥ 留言

1　有驚無險的報到之旅

　　前往奇點大學候機的途中，我看著窗外藍天，想著即將改變的人生。

　　究竟去奇點大學會對我的人生造成什麼樣的改變？會不會是個根本不值得募款百萬，特地前往的地方？我答應募資贊助者，以及我心中所想的「把奇點大學裡的知識、觀點，帶回台灣，帶回改變」這真的做得到嗎？會不會真的像父親所說的，就是「騙騙有錢人參加的夏令營」，到了那裡我會不會後悔？會不會很想趕快回到舒適的東京或台北？

　　募資的過程中也有網友提出質疑：「10 個星期的課程，能解決什麼問題？」「為什麼要為了不確定的東西，花費 3

萬美金和 10 個星期的時間？」也有人質疑「你去看發光的植物、結交神人朋友、體驗 NASA 環境、上課學習、回來再舉辦演講，不過就是讓你增廣見聞、擴展人脈、提升價值及影響力，好處享盡，結果學費還要別人幫你出，這有道理嗎？ 全球現正面臨最現實的問題：貧困、飢荒、疾病、暖化，還有能源危機，既然這所大學有如此高貴的理念，何不將入學目標改為幫助 100 個窮人、病人與弱勢族群呢？」

　　說真的，這些問題我相信都是發自網友內心想問的，而答案，我自己也想知道。在出發前的候機室裡，這些問題縈繞在我心中。我為了什麼呢？值不值得呢？為何不把這 100 萬拿來做看得到，也更確定的事呢？

　　停，停止臆測。我相信自己，也相信支持這夢想的人們，不出發，怎麼能抵達終點？

　　經過漫長的飛行，終於到了每個創業者、創新者都夢寐以求的舊金山。而孕育了谷歌、蘋果、臉書等大家耳熟能詳

的科技公司的矽谷，就位於舊金山的南灣，這裡不僅可說是高科技的搖籃，連創業投資也占全美創業投資總額的三分之一。

小學同學 M 在矽谷工作多年，我請他接我到奇點大學報到。

當車子經過庫比蒂諾市（Cupertino）的路標時，我大驚這不是蘋果公司總部所在地嗎？正因為每次總得透過電腦螢幕才能看見，如今看到這幾個字就在我眼前，那種夢想成真的衝擊，難以言喻。不過，這都比不過下一個路標，那只寫著四個字母的地名——NASA。

待我興奮之情稍稍平復後，我們小心翼翼地跟著導航機的前進，沒想到最後的終點竟然是一個詭異的檢查哨。

這哨口看來荒涼得不得了，而且模樣簡直就像是科幻電影裡頭那種美國軍事重地，最後總算憑著 M 的直覺，找到了偌大的 NASA 埃姆斯研究中心，也就是奇點大學與

NASA 合作建構的校區所在位置。

剛報到，便感受到奇點的不同

其實前往奇點大學報到，過程是有些驚險的。6 月 15
日是表定的開學日，而我的飛機會在開學前一天，也就是 6
月 14 日下午抵達舊金山，但因為通知信裡註明報到櫃檯的
服務時間只到下午 6 點，而我的飛機竟然誤點，直到晚間 7
點 20 分才降落。結果，飛機落地了我的腦中還在盤旋著各
種辦法。

萬一，奇點的報到櫃檯已經撤除無法報到，勢必會錯過
第一天晚上與大家輕鬆交流的活動，我可不想當第一個台灣
人結果也是最後一個報到的學員！

在 M 的車上，我緊張的打開筆電找出奇點大學負責報
到的課務負責人芮吉娜的聯絡電話，M 信誓旦旦地表示，

美國人很準時下班的，不太可能還可以報到啦！結果當我聽到芮吉娜的聲音時，我眼淚都要飆出來了，問清楚了以後，心中大石穩穩放下，報到櫃檯還在！而且可能會服務到晚上10 點！M 看著我，一副不可置信的表情。我想，這大概就是奇點大學是個國際化、超然於美國本土的存在的一個暗示吧！

　　來到奇點大學第一件事就夠新奇了，那就是「量戒圍」。因為每個奇點大學學員結業時都會拿到一個 3D 列印的金屬紀念戒指，因此得預先測量做準備。但這對於一個從來沒戴過任何配件的我而言，第一次量戒圍竟然不是在買婚戒的時候，而是在美國太空總署裡的奇點大學。

　　這屆所有 80 位來自世界各國的學員，都有一張護貝小卡，貼在教室後方。我因為 385 位贊助者，以及 5 家企業的贊助而能夠來到這裡，看著 Taiwan 和其他各個國家並列，心中既感動，又驕傲不已。

　　拿到宿舍鑰匙後，才踏進房間我就笑了。因為，我的室友早已替自己選好比較靠裡面的床，衣櫃他也已經選好比較靠裡面的衣櫃（離浴室比較近），完全沒有給我公平選擇的機會。

　　「果然能進奇點大學的都是聰明人呀！」我心裡想，然後默默地把行李箱放到靠門的床旁。

　　深吸一口氣再緩緩吐出，我，就要在這裡住上3個月了。

2014 奇點學員照片護貝小卡（從左數來第三位就是我）

協助報到的課務負責人芮吉娜

2

開學首日，
以順口溜一決勝負

　　奇點大學開課的第一天，大家有志一同地忙著同一件事——自拍。

　　雖然每位同學雖然在各自的國家身經百戰，各有傲人專長，但是來到這個神奇地點，還是壓抑不住好奇心、忍不住東張西望，東拍西拍，教室的每一角落都熱鬧非凡。

　　「不會吧，他們真的都是聰明人嗎？」我看著這場面不是沒有狐疑過。殊不知往後的 10 週才逐漸見識到他們那對著相機燦笑背後的高智商。

　　始業式的序幕由去年課程的主席，也是創校元老之一羅

布‧奈爾（Rob Nail）揭開，而後便由各單位主要負責人
介紹接下來的十週課程的各種細節。

　　豐富的十週課程簡介後，接著上台的是 NASA 埃姆斯研
究中心的園區安全主管，果真是安全專家，看起來就精明幹
練、一絲不苟的樣子，我想就算外星人崩於前，他也能面無
表情地用手刀將外星人擊昏吧。

　　傳達 NASA 園區內生活的安全常識，是他此次發言的重
點，雖然有些無趣，但也不得不聽，畢竟 NASA 園區算是
聯邦重地，裡頭的法律和外部的州法律不同，如果不小心犯
了罪的話刑責也不同，更別提如果出了點小意外，整個園區
的警備可是會全力動員起來的，光是這點便讓大家在第一天
就感受到自己處在一個有別於世上其他地方的獨特空間。

　　有一項有關 NASA 園區內的神奇規定相當值得一提：用
走的或騎單車進園區需查護照證件；開車或被載，則是查驗
司機證件，不用查乘客。但是，如果是開巴士進來，警衛就

會上車查驗每個人的證件。這奇怪的查驗規則,令我們不禁開玩笑說因為一台小轎車也不過四個恐怖分子,大概還容易對付;要是一台巴士都是恐怖分子,可棘手了。

用繞口令 HOLD 住全場

入學第一天傍晚,學校安排了學員介紹時間。

由於學校很貼心地先幫每位學員做好一頁附有姓名和照片的投影片,只要誰出現在螢幕上,那人就得馬上發表 1 分鐘的自我介紹。

這部分令我感到相當緊張,因為第一印象往往影響接下來大家社交往來的意願,加上英文不是自己的母語,1 分鐘的介紹時間又非常短,該如何讓大家對我這個「台灣來的」印象深刻?

觀摩了前面幾位的自我介紹發表後,發現大家都會在介紹的最後,加一段跟自己有關,且會讓大家覺得有趣的事。

開課第一天，大家都忙著自拍

奇點大學創校元老之一羅布‧奈爾

　　那麼到底我該怎麼介紹自己呢？在稍微思索幾分鐘後，我決定輪到我發表時，我要現場來一段饒舌……不，是來一段中文繞口令。

　　有鑑於此次奇點學員裡，我是唯一一位會說中文的，所以我決定炫耀一下中文繞口令的神威，挑戰學員們舌頭的極限。

　　講完對台灣人來說算是耳熟能詳的「石獅子」繞口令後，我成功地引起大家的注意，每個人都樂歪了。

　　然後我又加碼：在這 10 週，決定免費幫每一位對中文有興趣的學員，取一個中文名字！

　　接著，我的自我介紹就在如雷掌聲中，被主持人強制結束，因為大家覺得我這個來自台灣，講繞口令的學員實在太有趣了。

教室後方秀出誰的照片，
誰就要開始一分鐘自我介紹

被我的繞口令逗笑的
各國學員們

3

35 個文化差異
得先弄懂才行

由於奇點大學 80 位學員共來自 35 個國家，每個國家的文化大不同，校方當然也很在意我們彼此之間在交流上，會不會因為一些文化認知的差異而產生衝突。因此，前兩天的課程，就包含了一堂教學員們認識文化差異，以及如何尊重文化差異的課。

關於文化差異，有個小故事可以與大家分享。話說我的墨西哥籍室友瑟凡多，在跟他住宿聊天或者相約上課的時候，我發現他經常在答話時，對我比著一種對台灣人來說很

不吉利的手勢（食指伸出朝上，並且向下彎曲數次，我們通常會解讀為某人死亡的意思），我總是不解，想說他究竟在表達什麼呢？我很確信並沒有做出什麼對他不敬的事，但為何他要滿臉純真地對我比著這不詳的手勢呢？

　　某天，總算謎題解開，正當他對著我開心地比著「死翹翹」的手勢時（記得當時大概是問他要不要去酒吧喝酒之類的），我示意他停下來，我說：「嘿，這是什麼意思呢？這手勢是什麼意思？」我邊說，邊對他也比了個「死翹翹」，此時站在一旁的巴西籍女同學碧亞崔絲一直笑，說：「這沒什麼啊，就只是『好啊』的意思。」

　　我聽了瞪大眼睛，我說：「這在我們台灣，是說叫你去死、死翹翹的意思耶！難怪我每次都覺得好奇怪，他老叫我去死！」大家聽了笑得東倒西歪。我馬上又問：「那，如果這是『好啊』，那『不要』怎麼比？」大家忙不迭地伸出食指，對我比了個搖晃食指的動作（只不過他們的手勢還是稍微跟我們有點不一樣，大概是手掌握拳處不動，只有食指平

行滑動的狀態）。

　　這下我總算懂了，之後如果要表示「同意」，我也學會了對瑟凡多比「死翹翹」。

💡 你的遲到不是我的遲到

　　除了手勢之外，其實還有很多地方也都是國情不同的。其中最讓大家印象深刻的，是關於「守時」的觀念。

　　當時在課堂中介紹文化差異，講到「時間觀念」時，講師做了個實驗，她說：「好，大家都這麼優秀，應該也很守時，對吧？」

　　「我們來設想一個情境，如果我說，明天早上 8 點在教室碰面，大家同意嗎？」大家點頭，「好，想像一下目前時間已經是隔天早上，覺得 7 點 50 分出現算準時的，舉手！」大家看來看去，覺得約 8 點提前 10 分鐘到，當然算準時啊，統統舉手。

　　「好，那 8 點到算準時的？」大家手還是舉著，約 8 點，
8 點到當然準時。

　　接著講師又繼續問：「那 8 點 5 分到，覺得還算準時
的？」這時有些人放下了，而因為我還算頗常遲到，所以手
還舉著。「那，8 點 10 分？」「8 點 15 分？」這時我也放
下了。拜託，約 8 點，8 點 15 才來也太慢了吧！

　　「請大家看看，有很多同學的手都還舉著喔。」我環顧
周遭，竟然大約三分之一的同學手還舉著！我心想，果然西
方社會的習慣不同。

　　接著講師繼續問：「那，8 點 30 分到也覺得還可以的，
請舉著。」天哪，竟然還有人沒放下！最後，講師續問：「8
點 45 分呢？」

　　出乎大家意料，還是有幾個同學依然舉著手，而且多半
憨著笑，彼此互相看著也還舉著手的人。

　　老師這時候問他們：「請問你們來自哪個國家？」果然
不出所料，「巴西」「巴西」「巴西」地此起彼落。原來，

對南美洲朋友來說，約 8 點，就是 8 點半的意思，如果跟南美洲朋友約 8 點碰面而真的 8 點準時到的話，那很可能會被他們氣死，因為他們多半會在 8 點半過後才來。

　　這時，坐我旁邊的碧亞崔絲一邊吃吃地笑，一邊轉頭跟我說：「真的，我們巴西人真的都是這樣。」我把握機會趕緊與她確認，之後我們若要晚上 8 點開會，究竟是以「巴西時間」為準，還是「一般時間」為準？她聽完咯咯地笑個不停，還是沒給個回答。

　　雖然學校已經特別安排了一堂課，讓講師說明文化差異和彼此尊重的重要性，然而一段時間之後，難免還是會有些不協調，其中最麻煩的就是「晚餐時間」。

　　奇點大學的晚餐時間原訂是晚間六點鐘，過了幾週之後，有些學員受不了了，跟校方人員抗議六點的晚餐對於他們而言實在太早，導致他們的生理時鐘大亂。因為對他們來說，晚上 8 點或 9 點才是正常的進食時間。雖然我覺得九

點應該稱為「宵夜」而不是晚餐，但由於這屆實在有太多來
自南美洲各國的學員，所以後來學校還是配合調整，把晚餐
延後一小時，改為 7 點用餐，這才平息了這場餐桌上的風
波。

4 棉花糖挑戰

第一天還沒來得及落幕,我們馬上迎來第一個分組作業:棉花糖挑戰。

「棉花糖挑戰」主要是一個簡單的團隊活動,所需的材料只有一些乾義大利麵條、一碼長的膠帶,與一顆棉花糖而已,看哪一組能夠利用這些看似風馬牛不相及的材料完成最高的塔形結構。

我與荷蘭籍學員裘迪,還有兩位美國人被分為同一組。一開始我們信心滿滿,但隨後,我們的信心也如同散落一地的麵條般,遭遇挫敗。

我們用盡所有辦法,也不能好好地造出一個塔。

舉辦「棉花糖挑戰」活動的意義，是為了讓我們體驗兩件事：一、團隊合作與溝通的重要；二、建立模型的重要性。事實上，還有三、跳脫框框——意思不是跳出盒子裡，而是因為跳出盒子跟跳入盒子都在你的心中自由掌控，因此，也就等同於沒有盒子。

許多實驗都證明了，玩「棉花糖挑戰」玩得最好的，其實是思緒還未被固定的幼稚園、小學的小朋友，反而讀過MBA的高材生，平均高度落後一大截！

要用幾根義大利麵就把棉花糖立起來，其實是非常困難的。

我們這組犯了兩個大錯誤。第一，我們到最後1分鐘前，根本都沒有拿拿看棉花糖的重量，導致我們一開始很開心地建立了一個結構，認為應該非常穩當，但結果棉花糖其實頗有重量，一放上去，結構就垮了，我們也沒有時間再重建。第二，我們完全沒有建立一個小型結構，預先測試我們的預

棉花糖挑戰

（手忙腳亂失敗組）

棉花糖挑戰（成功組）

想可不可行。我們一下子就打算用完所有義大利麵，建起最高的結構，然後再把棉花糖放在高點，換來的結果就是——這樣的結構就算縮小一半，都是不可行的。

　　其實，做產品跟建立團隊都一樣，沒有測試，沒有建立模型，一夕崩毀的可能性是存在的。不過最後他們也承認，組裡有人曾經玩過這遊戲，所以知道一些祕訣。

加拿大創意開發作家湯姆・伍耶克，
在 TED 上發表關於「棉花糖挑戰」研究的演講：
〈建造高塔，建立團隊〉

🔆 試著定義未來

「棉花糖挑戰」隔天，馬上出現另一堂相當需要腦力激盪的分組合作課。課程內容要大家定義一些開放性問題，例如：

20＿＿ 年的今天，最令人髮指的犯罪形式是 ＿＿＿＿。

2020 年的現在，青少年們最熱中的活動是 ＿＿＿＿。

從 2014 ～ 2024 年，最劇烈減少的商品市場是 ＿＿＿＿。

2035 年，當前最熱門的玩具是＿＿＿＿。

我發現組員間針對描述句定義的討論最為熱烈，例如：「試問，幾年後一台筆記型電腦的運算速度，將會超過 2014 年最快的超級電腦？」「一億人透過虛擬實境眼鏡，觀看世界盃足球賽轉播的時間將會是在西元幾年？」，然後組員之間要精確定義出這描述句發生的時間帶，究竟是 5 ～

10 年、10 ～ 20 年，還是更久以後。

　　這活動非常有趣，完全可以看出不同國家、不同專業背景的人，對未來來臨的速度在認知上有相當大的不同，例如我們這組就對於「大部分的真人教師被人工智慧教師給取代」的時間點爭論不休。我認為應該是 10 ～ 20 年後，但有人說 5 ～ 10 年內就會發生，當然也有人認為就算 30 年後，教師這職業還是很難被取代。

　　最後，我們小組討論到目前線上學院如雨後春筍般設立，YouTube 上各類型的教學影片無奇不有，教師這職業要能教得比線上互動平台更好，比 YouTube 教學更細心豐富，困難度真是愈來愈高。

　　總之，我們最後結論是「未來 10 ～ 15 年，大部分的真人教師將被人工智慧教師給取代」。

　　至於「20 ＿＿ 年的今天，最令人髮指的犯罪形式是 ＿＿＿＿」，我們則是很沒創意，但又絞盡腦汁地寫了「2035 年的今天，最令人髮指的犯罪形式是透過微型電機的非法注

射，來遠端駭入並控制人體的行為。」

　　不管最後人工智慧會不會取代教師，棉花糖與麵條能不能堆疊上雲霄，在一次又一次的反覆討論過後，我能感覺到攸關人類未來生存問題的輪廓似乎更加清楚，我們不能只是冷眼旁觀，而是該勇敢地去挑戰。

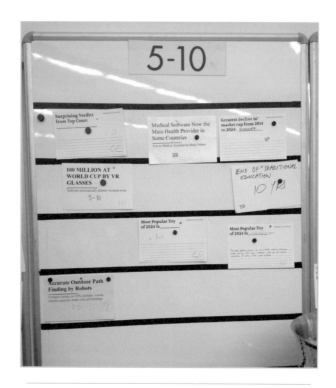

各組對於 5 ～ 10 年內世界變化的預測

5　競爭中的爭與不爭

　　在這堂團體競賽遊戲中，我們學到了「競賽不一定要競爭」的道理。

　　這堂課由課務人員在 NASA 偌大的園區各個角落，貼上代表奇點大學縮寫的「SU」貼紙，所有學員分成好幾組，要根據一張線索清單，一一找出那些貼紙的所在地，並且需整隊跟貼紙合照。

　　每找到一張並拍好合照的話，就可以獲得分數。組與組之間可以破壞彼此的合照機會，只要自己團隊與貼紙的合照出現其他團隊成員，那這張照片就不算分數。

　　此外，每隊又有一支小隊旗，每組成員需要保護小隊旗
不被搶走，小隊旗被搶走的話，一樣也是會扣分。

　　最後，有個最重要的規則，就是不准遲到，遊戲時間為
45 分鐘，每位學員需在傍晚六點整返回教室，遲到者整組
失去資格！

　　總之，在一陣說明、分組，以及製作隊徽隊服等準備之
後，各組就出發了。

　　在佹大的 NASA 園區裡，跑起來特別過癮（當然前提是
不能跑到禁區）。

　　一群奇點學員奔馳其中，搶旗子的搶旗子，遮貼紙的遮
貼紙，破壞拍照的破壞拍照，整個場面可說是好不混亂，然
而最火爆的場面竟活生生在我眼前發生。

　　起因是另一組的以色列籍學員亞隆「太過奮力地」跑來
阻擋我們拍貼紙，而義大利籍女工程師瑪麗亞也「稍稍強悍
地」試著想把亞隆拉開，就在誰也不想輸的拉扯下，想當然

耳最後兩人都掛彩。但就在小組正討論要不要將流血事件回報給奇點大學工作人員知道時，小隊旗卻突然被別隊給搶走，而我的同組夥伴，巴西籍學員木里羅以跑百米的速度衝上前守護隊旗，但他的背部也被 NASA 園區裡不明植物給刺傷。

看來，NASA 園區不僅在裡頭工作的人是狠角色，連路邊的花花草草都不是省油的燈。

一陣兵荒馬亂之後，許多組在時限的最後一刻衝回教室，卻猛然發現早已超過時間了。

難道這就是人算不如天算？

☀ 最高分的就是第一名？

結果，原來是其中一組使了賤招，他們一開始就決定要提前回來，並且更改教室的時鐘，特地將時鐘往後撥一小時，如此一來在他們後面回來的每一組就都失去資格啦！雖

然奇點大學每年都在這活動上新增規則防止學員們用怪招取勝，但今年的學員還是道高一尺。

不過，負責課程的指導老師還是體恤大家，讓在「真正時間」以前回來的各組還是有計算成績的機會。經過一段時間的計算後，各組的成績都出來了。大家摩拳擦掌想要知道誰是冠軍的時候，指導老師說，其實大家剛剛都忽略了，整堂課的競賽內容在宣布當下，只有要求大家盡量得分，以及得分、扣分的規則，但可完全沒有強調「最高分的就是第一名」。而事實上，只要有找到貼紙的，有拍到照片的，統統都算完成競賽。

接著，教室的投影螢幕出現一句話：「You are not here to compete against each other.」（你不是特地來此打敗其他人的。）奇點大學當然鼓勵競爭，但並不是鼓勵對抗，或者打壓其他人，而是希望透過良性的互動，大家一起努力、合作，在未來 10 週裡，找到許多有機會幫助 10 億人的計畫，一起共同實現。

　　聽著指導老師講完這些，台下各國氣喘吁吁的硬漢、少女們全都汗顏不已，每個人都在檢討自己剛剛到底是如何厚顏無恥地奔跑、搶旗，無所不用其極地在母隊順利拍照後阻擋其他組員拍照，甚至有的小組之間起爭執的背後，隱含的是整整十週如果大家抱著競賽、競爭、阻撓他人的心態去進行，那將會是如何可怕。

　　透過今天的課程，大家總算深刻體悟到要改變 10 億人，得先從改變自己的心態做起。不只要團隊合作，還要團隊與團隊合作。如果幾個人、幾十個人的小社會都無法順利進步，更遑論讓整個社會，或整個世界攜手一起進步呢？

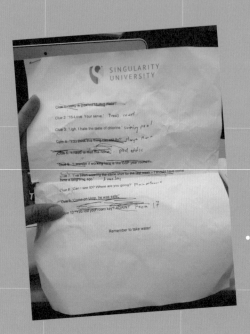

大地遊戲的線索清單

大地遊戲一開始的準備

奇點大學鼓勵競爭，但並不是鼓勵對抗

6　個人使用說明書

　　我想介紹一下奇點大學是如何分組的。

　　首先，大家先各自上網填寫一份特別的自我介紹表格，叫做「個人意願簡報」，我暱稱為「個人使用說明書」，其中要填寫的資訊除個人專長之外，還要從奇點大學的九大議題裡，挑選出未來希望挑戰的三大項目（九大議題包括：環境、能源、教育、健康、安全、食物、水資源、貧窮和太空），我挑選的是教育、環境和健康。此外，還要寫上希望解決的是哪些具體問題，以及有沒有需要特別擁有哪些專長的人來當組員。

　　大家都得在時限內上線把表格填完，然後每個人有 1 分

鐘時間，在大舞台上向大家說明自己這份「個人使用說明書」。80 個學員，就是整整 80 分鐘，大家聚精會神地聆聽每一位學員的自我簡介，和對他來說感到興趣的項目，因為每個人都怕漏掉可以和自己一起改變 10 億人的夥伴。

　　輪到我上台時，在 1 分鐘之內即使想夾帶一些笑話讓大家印象深刻也很難，因此我就照本宣科地念了我的「個人說明書」，然後在「Additional Resources You Can Bring to the Team Project」（你可以為團隊計畫帶來的額外資源）這個欄位的地方，寫下三大吸引人的賣點。一、我可以幫你介紹台灣的製造商和工廠；二、我可以帶你認識華人文化，和華人市場；三、我可以帶來歡樂。最後，在「Additional Information」（備註）欄位，當然還是不免俗地寫上：隨時歡迎大家來台灣。

　　介紹結束後，每個人要把列印出來的個人說明書貼到牆上相應的議題位置。

　　九大議題，看來「食物」和「教育」議題十分受歡迎；「太空」議題則是叫好不叫座，畢竟太空議題雖好玩，但若說要在幾個禮拜內製造出某種東西，或是真的把某種東西射上太空，那可真是難上加難。

　　我將我的個人說明表貼在「Other」區。沒辦法，因為我有興趣的項目實在太廣，做這項活動的時候也才 7 月 15日，距離開學才一個月，到結業還有兩個月的時間，總是不太希望在這時候就將興趣或題目說得太死，減少了認識新知或新朋友的機會。結果這區域也十分熱門，看來跟我一樣想法的人還真不少。

🔆 搶人大戰

　　接下來的這幾天，就是腥風血雨的搶人大戰。

　　根據規定，每組組員人數一定要在 3 ～ 5 人之間，因此，每個人都希望自己能夠順利找到關鍵組員，成為強大的 3 ～

5 人團隊，一起策畫改變 10 億人的大計。如果自己上了一個月的課，但還是沒有好的點子，那就會希望能夠加入一個有好點子的組，一起把計畫做出來。

今年有個與去年不同的規定，那就是依據 3 ～ 5 人的小組人數，我們一共分成 20 組，每組都會有專人協助拍攝 2 分鐘的計畫成果影片在結業式中播放，但僅有 5 組會被奇點大學評審團選出來，上台做 5 分鐘的簡介，將計畫說明和成果簡報給坐在台下，參加結業式的幾十位潛在矽谷投資人和貴賓聆聽。

只有 5 組！人都來到矽谷了，要改變 10 億人的計畫又必然需要許多資源，在結業式上簡報 5 分鐘，比起播放 2 分鐘影片當然是有影響力、有吸引力得多。因此，每個人無不從找組員開始就卯足全力，不只找好點子，也找好組員。

在個人意願簡報後再過一週，就要第一次正式宣告組別；接著再一週，便有一次團隊的 3 分鐘簡報，再準備簡

報的過程中不僅可以練習團隊合作，也能乘機觀察自己跟組員的互動，決定要不要更換主題或組別。

　　雖然有這樣一個設計，但每個人都希望一次就分組順利，一路走到最後一天，甚至有可能持續成為往後的創業夥伴。

7　組隊學問大

　　現在的我正站在教室一角，手上拿著一面黑色的旗子，和其他兩位也拿黑色旗子的學員坐在地上，一位是巴西籍的碧亞崔斯，另一位是印度籍的高拉夫，而我的好室友瑟凡多也正拿著黑色旗子跟另外兩名學員站在一起。

　　這是分組作業的最高潮，每個人手上拿著一支旗子，旗子有三種顏色：橘色、紅色、黑色，手上的旗子顏色是用來告訴教室裡所有 80 名學員，自己目前的分組狀態。

　　黑色旗子，代表已確定團隊歸屬；橘色旗子，代表自己和身邊的學員想要同一組，但不排斥其他成員加入；紅色旗

地上放著色旗，

手拿棋子的顏色不同，代表

自己目前的分組狀態

代表已確定團隊歸屬的黑旗

爭組員大戰

子，代表自己目前處於不屬於任何組別的狀態，任何人都可以徵詢加入意願。

回想這幾天的經歷，可說是我這輩子所見過史上最殘酷的分組考驗。

在台灣念書時說到分組，大家頂多就念念學號，翻翻書看看頁碼，或乾脆就近找幾個看對眼的湊合成組，反正大不了期末報告成績高一點或低一點，對人生沒什麼大影響，即便是期末專題或畢業專題之類的，也覺得反正就找幾個氣味相投的夥伴組個團隊也就算了。

但奇點大學這裡可不同，每個人都是來自世界各國的菁英，加上許多人又像我一樣背負著家鄉好友、支持者、贊助者的期待，且這裡的每個人都是自我要求甚高的人，沒有人願意讓自己心中那「做個好計畫，改變 10 億人」的理想，因為「豬一樣的隊友」而出師不利、早期擱淺。

所有學員想盡辦法尋找和自己的想法相近的人，那幾天可看見所有人一天到晚用電子郵件邀約其他學員聊聊各自的

點子、想法；如果團隊已經有兩、三個人且確立計畫方向，還會分析這個計畫要成功還缺乏哪些人才，然後展開「獵頭」工作。

如果你這段時間來奇點大學閒晃，就會發現不只是交誼廳、教室、會議室、戶外餐桌，甚至廚房裡也幾乎24小時不間斷地充斥著大大小小的討論圈圈——我開筆電給你看我的設想，你畫白板跟我說該怎麼樣將這點子進化到極致。

教室外圍的討論空間更是不敷使用，甚至討論到一半還會有其他組的人馬跑來搶人：「嗨，我們這裡有個很棒的計畫，能不能等你討論完讓我們解釋給你聽，我們昨天有寄信給你，應該有收到吧？」這種在會議中直接搶人的畫面，可說屢見不鮮。

此外，「燈火通明」這句成語用在這裡更是適合不過，每每到了凌晨兩、三點，還會看到一些學員聚在一起討論得欲罷不能。

而我竟然在某天晚上，捲入了很可能是傳說中最強團隊

的號召組隊過程當中。

🔆 如何回應最強團隊的徵召

　　本屆奇點大學有幾位學員表現非常傑出,而且頭腦極為聰明,過去資歷也非常完整,而這次最強團隊的三位成員更是佼佼者,其中最為傑出的當屬義大利籍量子物理學家瑞卡多。

　　瑞卡多的學問淵博不用說,據說如果去義大利物理學術圈混,只要提起他的名字,十個有八個知道(此事真的有人測試過,而且不是在義大利測試,而是問了歐洲另一個國家的物理學家,結果對方二話不說地回應「久仰大名」)。除了學術成就之外,他還研發過一些技術、開過一些公司,也賣過一些公司賺了不少錢,所以他進奇點大學後的第一件事,就是在當地花了幾萬美金買了一台鮮黃色古董跑車,開到哪裡都成為眾人的焦點。

　　另一位德非混血女學員喬吉亞曾經在谷歌工作，她不只在美國有過多次創業成功經驗，也曾環遊世界各地，造訪過 75 個國家，在不同國家待過、工作過。

　　最後一位則是大家公認本屆學員當中最可愛的美少女學員寇希瑪，長相甜美可人，不過她可不是空有長相，腦袋也相當厲害，高中跳級讀了牛津大學實驗心理學系，同時還開了公司，她在休學期間除了申請上奇點大學之外，還曾短期就讀倫敦國王學院的醫學系。

　　這晚，量子物理學家瑞卡多和德菲混血美女喬吉亞，找上了我和印度籍學員高拉夫，大家口耳相傳他們是實力最堅強的一個組合，只要能夠跟他們合作，一定能在結業式站上舞台發表。

　　那天晚上，我和高拉夫與前來邀請我們的瑞卡多和喬吉亞，在實驗室裡的白板前不停討論到凌晨 3 點。

在這場討論過後我有一個感觸。

一個好的團隊，需要互相信任、通力合作。

然而 4 個小時過去，我們一點結論也沒有。

每個人各執己見，每個人都從自身的專業領域出發互不相讓，所以完全沒有交集。

隔天其他奇點學員一聽說「最強三人組」正在徵召我與高拉夫，打造傳說中的「最強五人組」時（分組成員人數上限是五人）便紛紛前來探聽「究竟瑞卡多和喬吉亞他們想做的題目是什麼？」「他們有問你們什麼嗎？」「你們會跟他們同一組嗎？」「你們想做的題目他們覺得怎麼樣？」

我笑而不答，因為當時我和高拉夫十分著迷於剛學到的一項人工智慧技術：深度學習。

我結合了過去在台大博士班所學的影像分析與辨識技術，結合深度學習，發掘了一個十分震懾人心也很有趣的領域，亦即：透過人工智慧，分析辨識我所配戴的「可自動拍攝的穿戴式迷你自動相機」（Narrative Clip），希望透過

這些技術的加總，真正破解人類生活的黑盒子。

　　這，才是我的目標。

與最強團隊激烈爭辯，
卻毫無進度的一晚

8 從小組試營運到公司註冊，一次到位

自從拒絕了最強團隊的邀約後，我們幾個人組成了一支名為 Memora Team 的團隊。

過程雖然煎熬，但我們來奇點大學的目的，都是希望能夠為未來找到快樂而有意義的計畫，只要運用我們的創意和所長，想盡辦法樂在其中，相信我們必然能得到好結果。

而且假使最後不能如願成為在結業式中進行簡報的五組之一，我們依舊相信我們的研究還是可以替未來留下些許貢獻。

💡 組一支真正的創業團隊

奇點大學的分組除了過程有趣之外,其實還有些設計很棒的地方,例如:

一、小組試營運。

每個團隊可以在組隊一週後,於特別舉辦的 Startup Weekend SU 裡簡報團隊運作一週後所共同討論出來的「改變 10 億人計畫」。

這有點像是團隊的「試營運」,如果這週合作不愉快,團隊成員不如想像中契合,那麼每人在簡報後可自由選擇換組或離開。Startup Weekend SU 規模雖小,但每個團隊無不卯足全力,因為據說最終獲勝的團隊除了能夠獲得獎品外(金色的 3D 列印獎杯),還能優先選擇在 Credit Union(奇點大學校舍對面的一棟空房)裡的辦公室空位。

二、**專屬研究空間。**

每個團隊正式組成不再換組之後，奇點大學會配給每個團隊一個工作空間。

這空間如同前述，叫做 Credit Union，是奇點大學校舍對面的一棟空房改造而成，將其重新區隔成 20 個辦公空間，中央則是設置成活動空間與交誼廳，此外有幾間房間設有房門，幾間房間則是得幾組團隊共用，以隔板和桌子隔開。

我們團雖然沒有在初選中勝出，無法優先選擇，但運氣不錯，選了一間被大家挑剩，雖小卻有門的房間（有門的房間很熱門，多半被優先選走），而且不只有門，甚至還有窗戶。

之後證明了我們的選擇是對的，許多人來過都非常羨慕我們的小小辦公室。

三、**成立正式公司。**

此外，奇點大學還會給每個小組 2000 美金的基本費用，

並且有專業律師協助成立正式公司（美國律師費非常貴，所
以有專業律師服務非常罕見）。

奇點大學教我的事

○ 不出發，怎麼能抵達終點？

○ 1 分鐘內就能讓人印象深刻，才是成功的自我
介紹。

○ 做產品跟建立團隊都一樣，沒有測試，沒有建
立模型，一夕崩毀的可能性是存在的。

○ 不是得最高分的人才堪稱優秀，而是最能與團
隊互相合作的人。

Credit Union

Memora Team
專用小辦公室

Chapter 3

奇點思辨

某些工作將全面由機器人、人工智慧取代的時代，一定會比想像得還要更快來臨。而每一個國家，或者說來自每一個國家的我們，都有責任在回到自己的國家時，努力宣揚這件事，並且帶領大家做好準備。

♥ 留言

1 科技將指數演進，我們準備好了嗎？

　　開學第二天，兩位創校者，未來學家雷・柯茲威爾和創業家彼得・戴曼迪斯現身演講，立刻引起一陣騷動，每個學員都拿起手機猛拍。

　　基本上兩位講者的演講內容均離不開「呈現指數發展的科技」（Exponential Technology，包含奈米、3D 列印、機器人、人因工程等，這裡的指數係指如數學裡的次方概念，也就是高速發展的電晶體技術與電腦科技，將引領相關產業突飛猛進）。

　　因為有了更小的晶片，人們可以製造更有效率的機械

看得出來和我們這些新鮮人對談，

讓柯茲威爾教授非常興奮，不禁露出笑容

把握機會與柯茲威爾教授合照

人，有了更有效率的機械，人們可以製造更有效率的 3D 印表機，以及更微小的光感應晶片和相機模組。

隨著這些產品的誕生，真實世界的一切，也隨之更高速地和虛擬世界、人工智慧等科技連結在一起，人跟人之間的關係也將因為呈指數型態發展的網路技術與網路速度，高速地串連在一起。

戴曼迪斯在開學演說中除了提到指數型科技將無法停止地加速，以及這樣的加速所帶來的機會與力量，他不斷在演講中重述，指數型科技的速度不會放慢，只會不斷加速演進，而且發展得愈來愈快。

他也提及自己過去成立「X 大獎」（X Prize）時的經驗。

X 大獎的設立，是為了激勵飛行科技的創新，總獎金 1000 萬美元的大獎，競賽規則是：第一個用自製飛行器將 3 名乘客送到 100 公里外的太空，並安全將其接返地球，且能夠在兩週內使用同一架飛行器重複上述載人飛行的公司或

組織，將可獲得這筆獎金。這獎項將所謂「比賽」推進到一個新的境界，除了難度高，換算後約 3 億多新台幣的獎金，更是難以想像。

　　整整 8 年沒有多少人願意挑戰，即便有人挑戰，也從來沒有人成功（事實上，是個別來自 7 個不同國家的 25 個團隊，全都失敗）。

　　直到 2004 年，一個叫做 Mojave Aerospace Ventures 的團隊，打造了一艘名為 Space Ship One 的太空船，才成功完成了這項任務，把這筆高額獎金領回家。而戴曼迪斯和「X 大獎」也在極短時間內獲得全球媒體大篇幅報導。比起相當於超過價值 100 億美金，在全球一線媒體露出的廣告宣傳費用，整個活動的經費僅僅耗費不到幾千分之一。

　　在演講中戴曼迪斯告訴我們，會創設這個競賽，是因為他受到許多事物的啟發，當他下定決心要去做的時候，所有人都對他潑冷水，包括媒體、巨富，都說這是不可能的任務，無人支持。

　　然而，幾個相信他的人在他數十次的勸說後決定投錢贊
助，「重賞之下必有勇夫」，那位勇夫讓他等了 8 年後才
出現。

☀ 再也沒有藉口

　　說到底，這重賞還真的是很重，而且那勇夫還得真的很
勇，畢竟劃破大氣層穿越到宇宙，再降落回陸地的可重複使
用太空船根本沒有被建造過，更別說實際試射和飛行簡直就
是得把命豁出去才行的事。而且萬一實驗失敗、有人身故，
勢必將讓這個獎項蒙上一層陰影。

　　戴曼迪斯的演講中最振奮我心的，是他的最後結論：再
也沒有藉口（You Have No Excuse.）。

　　在這個時代，透過群眾募資我們可以輕易地吸引數百萬
雙目光，數千萬的金錢投資；透過網路，我們可以輕易找齊

要做好一件事的人馬及資源；透過「 指數發展的科技」我
們可以輕易地達成許多幾年前的人類根本沒辦法想像的事，
這樣的時代，這樣的條件，還有什麼不可能？不，一切可
能！

　　我們很難想像，如今動輒影響台灣社會和青少年行為
（連重刑犯都可以因此被發掘行蹤而逮捕）的臉書，在
2008 年全台灣才不過 11 萬人擁有帳號，直到 2010 年為止
短短兩年間，使用者暴增到 800 萬人，成長率 7000％，是
當年度的世界第一。

　　也因為整個世界正指數型地加速發展，人們過去的線性
思維已不再適用，需要向上提昇，讓思考得以符合科技時代
的發展速度和變化型態。

　　柯茲威爾教授將整體社會因指數型發展的電晶體／數位
科技牽引而高速改變的狀況，稱為「加速回報定律」（Law
of Accelerating Returns），這個理論基本上是「摩爾定律」
的延伸，而 「加速回報定律」是指因為科技軟硬體加速或

指數型演進,整個社會獲得的回報,亦即科技高速發展所帶來的報酬,也將會呈現指數型發展。

這樣子的看法要說沒有新意也可以,但不得不佩服的是,在他之前所有人看待「摩爾定律」的角度多半是在產業面、成本面等製造業的思維,從該理論去預測兩年後、四年後的晶片價格等,鮮少有人拿這樣的科技發展速度,往前投射預測「當電晶體/科技再指數型地發展 X 年後,人類或社會將得以獲益 Y 倍」。

那天課程尾聲,最精采的部分莫過於兩位絕頂聰明人物同台閒聊。話題從兩人對是否有外星生命的看法,到兩人回憶起他們第一次相識便一見如故,而那次見面,也成為奇點大學設立的原點。

2 中國民主化算不算 改變 10 億人的大計?

「我是葛如鈞,來自台灣,因爲台灣所在地理位置的關係,所以對中國目前的發展也很關注。也因此,我對於您身後那塊標語:『Improve the lives of a billion people』(影響 10 億人的生活)帶有些許疑問。

對我來說,如果要影響十億人的生活,最簡單的方法就是把目光轉向中國,推行民主化,讓全中國人都享有思想上的自由。

但是近來有愈來愈多中國人覺得他們的生活是很不錯的,即便有些不自由,但經濟高速發展,國家富強,也

擁有一定的國際地位，中國甚至希望把實質的統治範圍
拓展到台灣、香港等，並且認為那是一種對其他地方的
『Improve』。

　　因此，我的問題是既然『Improve』如此相對而沒有
絕對性，那麼又該如何定義奇點大學所謂的『Improve』
呢？誰有能力和資格去定義『Improve』，什麼是更好的，
什麼是更差的，什麼是需要被改進的呢？」

　　我的問題剛問完，現場便響起一陣掌聲，也許是這個問
題有些特別，柯茲威爾教授也不禁低頭思索。

　　經過一段時間的思索後，他回答道：「我很佩服台灣在
民主化方面所做的努力，那是一件值得令人感到驕傲的事，
而說到中國目前的強盛，很難說將來的發展會是怎樣。

　　「從我的角度來看，因為科技的加速發展，整個社會最
終將會往富足與民主化的道路發展，也就是我在很多演講

中都提過的『6 個 D 的進化理論』：Digitize（數位化）→ Deceptive（虛化）→ Dematerialize（去物質化）→ Demonetize（去貨幣化）→ Democratize（民主化）。

　　「無論民族或地域，只要容納科技帶來的改變，資源普及與解放的力量將無法遏止。」語畢，柯茲威爾教授就此結束這個話題。我不禁獨自猜想，畢竟現場有錄影，且又開放給來自矽谷各路人馬旁聽，因此柯茲威爾教授大概也沒辦法再講得更明確，否則奇點大學或許很難在中國發展下去。

💡 在科技的奇點，思考民主

　　不過關於「Improve」這個單字與思考上的「相對性」問題，他說，只能回歸到「馬斯洛的需求層次理論」來談。美國心理學家馬斯洛將人類需求像階梯一樣從低到高按層次分為五種，分別是「生理」「安全」「隸屬」與「愛」「自尊」「自我實現」與「自我超越」。

　　他認為只有個人從生理需要的控制下解放，才可能出現
更高級、社會化程度更高的需要，如安全的需要。

　　柯茲威爾教授回答道：「如果要說有沒有絕對而非相對
的（視地域情況，或社會人文環境而改變）『Improve』，
那大概就要用『馬斯洛的需求層次理論』來檢視了。

　　「如果你想做的事，你認為是改善他人的生活，而那種
改善，確實符合馬斯洛的需求層次理論裡屬於未被滿足的一
層，或者是那樣的改善可幫助人們往上一層的需求移動，那
麼便可說是一種不分社會制度和人種的絕對改進。

　　「而奇點大學所揭櫫的目標──影響 10 億人的生活，
當然也是從這樣的方向來出發。

　　「這是個好問題，希望我們可以往這個好的方向去改
進，而非從個人的絕對觀點，去影響或宣稱可以『改善』他
人的生活。」

聽完後我不禁陷入深思。

究竟「民主」這件事，符合「馬斯洛需求層次理論」中的哪一層需求呢？

又或者是從哪一層再通往上一層的鑰匙呢？

3

當工作被機器人取代

　　在所有的課程裡，最讓我震撼的一堂課，是麻省理工學院史隆管理研究所教授，同時也是暢銷書《第二次機器時代》作者艾瑞克・布林優夫森的授課。

　　在他講課之前，我從來沒有想過奇點大學所說的指數科技，會和社會與工作發展有什麼太大關連。

　　在那時候，國內的媒體並沒有太多報導，我們也頂多知道因為機器人、機器手臂以及自動化製造流程的引進，工廠

裡所需要的工人愈來愈少。製造業在生產線上的效率進步，
帶來的是科技產品大量生產，也讓每個人手上都有一台精密
而強大的智慧型手機。在此之前，我並不清楚人工智慧、機
器自動化會給整個社會帶來這樣巨大的衝擊。

　　布林優夫森教授在演講中提供了許多實際的統計數據，
這些數據看了令人背脊發涼。最可怕的兩張圖，其中一張是
近 50 年間，資產階級與中產階級所擁有財富的總數走勢，
圖的左邊是兩條線的出發點，原本高度都在差不多的位置，
然而近 15 年間，代表資產階級（例如 NIKE 公司股東、大
老闆，或是華爾街的巨富肥貓）的那條線突然陡升，這代表
資產階級的財富總數，早在幾年前便已超越全世界中產階級
所有的財富。線圖持續往右，是一路到 2020 年為止的預測，
我看到兩條走勢線之間的距離愈來愈大，富人們擁有的財富
愈來愈多，而中產階級或其他非富裕階級能夠掌握的資產則
愈來愈少。

　　機器自動化和人工智慧的進步，讓過去許多需要人力的工作愈來愈不需要人類執行。人工智慧整理文字資料、計算數字、預測趨勢的速度和能力，比人類要好上太多。

　　特斯拉電動車公司曾有張照片被《紐約時報》披露，偌大的工廠，數以百計的機器手臂，取代了傳統的人力組裝。我曾問過在特斯拉上班的台灣籍工程師 W，「那張照片是真的嗎？」W 毫不遲疑地點頭：「是真的。很多動作人類的手做不到，而機器人、機器手臂則可以輕鬆地做到完美！將來的趨勢一定是機器取代人類，做更多人類過去所做的事，而且做得更好。」

　　但我不免產生更多疑問，那未來呢？未來需要人類執行的工作會持續減少嗎？還是，有些事總是人類做得比機器更好？

🔆 未來醫療的樣貌

我想起某次奇點大學安排的學員參訪活動，我們前往參訪的是一家名叫 Intuitive Surgical 的機器人輔助微創手術研發公司。

這家公司目前只有一樣主力產品——一台叫做 Da Vinci 的手術機器人。Da Vinci 機器人的功能非常複雜精細，但背後卻只有兩條電線與網路線。機器人的每支手臂都可以因應不同手術所需而做替換，有的手臂前端有鏡頭可以當做顯微鏡；也有的手臂像小鉗子一樣可以撥開肌肉組織，或像小剪刀可以剪斷息肉，全都可以依據需求一一替換。

因此，Da Vinci 可以進行非常複雜的手術，並且透過手臂上的微感應器，避免手術過程中因為器械操作不當而碰觸不應碰觸到的部位。目前為止，因為一些技術和法規的關係，這台機器人需要透過「真人醫師」，也就是一位真正的操作者來進行操作。

　　操作主控台也一樣讓人覺得非常科幻，像是在電玩遊戲場裡才會出現的雙眼立體視覺手術操作機。操作者雙手伸向機械下方，每一隻手指都能夠套進一個手環，像操縱傀儡人偶一般，不同的是你只要動動手指，在你身旁（或透過網路線連接，遠在世界另一端的手術機器人）就會和你的手指一起同步動作。操作者低下頭，埋在那個專門反饋視覺的立體面罩裡，將可以看到手術機器人極細的手臂正在操作的畫面。你也可以很簡單地透過模擬系統來模擬對病人動手術的感覺，即使需要非常精細動作的縫合手術，也沒有問題。

　　我聽著長相有些科幻的高階主管在我們面前，示範安插最新的手臂到新型 Da Vinci 上頭，冰冷的示範室裡接連傳出一連串極具科幻感的反饋聲音：「請放入鑷嘴箝手臂」「請放入微距攝像機手臂」「即將啓動腹部手術一號」……等。我一邊想著人類的病痛是否真能有一天像電影《第五元素》裡，導演盧貝松想像出來的人體重建機，又或如同電影《極樂世界》中，擺在家裡像是普通家具般的自動手術醫療機，

插上電、躺上床後，病痛便消除了。

　　當聽到可上機體驗，我也不落人後搶著玩玩。

　　整個操作體驗非常滑順驚人，手指的操作擁有完整的力回饋，當機械手臂判定不能再移動時，手指便會感受到一股阻擋力道而無法移動。

　　視覺上的同調率也非常高，在適應整個操作後，幾乎產生那些細長的手臂就是我的手，正同步進行十分細微動作的錯覺。

　　在一般情況下，操作者可以連結到實際的機器上，透過手臂切割、剪裁一堆模擬人體肌肉組織的材料，另外，操作者也可以切換至虛擬的模擬器底下練習。所有的手臂動作皆會在虛擬的 3D 立體畫面中呈現，不只可以練習，還可以在裡頭考試。

　　離去前在一樓大廳裡看到滿滿的專利證書貼在牆上，這

些專利便是要給來訪者一個訊息：我不怕你們抄，只是想讓你們知道我們之所以這麼棒，是因為手中握有多少創新。

　　我深刻地感受到在矽谷，在奇點大學的課程或參訪裡，經常就像這樣模糊了真實與虛擬、現實與科幻之間的界線，但我知道那正是加速前進的指數科技，將帶領我們前往的未來。

艾瑞克‧布林優夫森在 TED 的演講：
〈成長的關鍵？與電腦競爭〉

Intuitive Surgical 機器人輔助微創手術
研發公司官方網站

麻省理工學院史隆管理研究所教授　艾瑞克・布林優夫森

麻省理工學院史隆管理研究所教授　艾瑞克・布林優夫森

Da Vinchi 手術機器人

Da Vinci 操作者可切換至
虛擬的模擬器底下練習

4　在機器人時代獲益

　　前一天 艾瑞克・布林優夫森教授的授課，深深敲擊了每一位奇點大學學員的心，機器人的崛起，人工智慧的成熟造成既有工作的消失、中產階級沒落、財富愈加集中，甚至人類生活型態將發生大幅改變。究竟人類將可不必工作就享有機械革命所帶來的富足，抑或許多人類將因為機械革命而失去工作並遠離富足？

　　當天晚上，我和一群在奇點認識的朋友，邊喝著紅酒一直討論到深夜。來自智利的索菲亞非常擔心機器世代將會讓她的同胞失去工作；但來自哥倫比亞共和國的克勞蒂亞則是

非常興奮，她認為只要人工智慧時代來臨，她的同胞便會比想像中更快失去製造業的相關工作，而這將驅使大眾走上街頭，而只要這樣的情況持續，就是種下革命的種子。

　　我聽了來自各個不同國家的同學的想法，覺得非常有趣。我和墨西哥籍室友瑟凡多提倡讓人們可以因為機器人／人工智慧而不需要工作（後續得知荷蘭將在 2016 年 1 月推動的基本保障收入制度 ──Basic Income，也是基於類似想法）我們甚至想要成立一個「Let Us Own the Robot」的共同基金，透過第三方組織，籌措資金並且協助可能在十年內失去工作的勞工階級儲蓄、保險，並轉投資至「會讓他們失去工作的企業」，例如世界最大機器人手臂製造商庫卡（Kuka）、世界最大電動車製造商特斯拉或比特幣等「未來概念股」。

　　即便這些公司因為事業拓展成功，進而讓某些人失去工作，但也因為這些公司的資產增加，失去工作的人也能年年得到一部分收益。

💡 機器人搶走工作，怎麼辦？

這個想法跟哈佛大學知名經濟學教授理察‧弗里曼（Richard B. Freeman）所提出的理念很相近，我與瑟凡多還有印度籍學員高拉夫曾針對這議題與弗里曼書信往返討論。弗里曼曾在 2014 年 5 月發表的文章中建議，應由第三方建立一個系統、平台或基金，幫助即將失去工作的人們，也能及早擁有一部分即將愈來愈集中在富人身上，在「機器人時代獲益」的方法。

然而，印度籍的學員高拉夫非常不認同這個想法，他認為人類生來就是要工作的。人不應該「不勞而獲」，在他心中，沒有一種世界應該是「一群失業工人拿著龍舌蘭看著夕陽西下，享受人生，享受因科技突破而得來的快意人生」。這樣的世界，他難以想像且難以認同。

　　我們爭相發表自身的經驗，爭得面紅耳赤，即便到最後誰也沒有說服誰，但有一件事是大家都同意的──某些工作將全面由機器人、人工智慧取代的時代，一定會比想像得還要更快來臨。而每一個國家，或者說來自每一個國家的我們，都有責任在回到自己的國家時，努力宣揚這件事，並且帶領大家做好準備。準備好的國家，必能更穩當地度過機器人世代革命；而沒有準備好的國家，只能準備好接受機器革命所帶來的社會衝擊。

　　仔細想想，台灣近年來有許多勞資糾紛，也有許多關於基本薪資議題的討論，其背後是不是也有一些「機器人將搶走我們的工作」的隱憂呢？

5　活到 1000 年

　　一位剛認識不久、翹著鬍子的以色列籍學員亞隆，不知什麼時候坐到我身邊，突如其來又極為認真地對我說：「你知道嗎？能活 1000 歲的小孩已經誕生了。」對於我的驚訝與不知所措，他不疾不徐地說：「這是目前一些激進科學家的合理預測。」怎麼能說是合理預測呢？我疑惑著。

　　像是早就準備好答案似地，亞隆將雙手枕在腦後往後方草地躺下，這正中午的艷陽對他來說好像不太構成威脅。「想想看，我們現在的科技讓一個新生兒活到 100歲，不奇怪吧？那麼到了那個新生兒 100 歲的時候，可以說科技又更往前進步 100 年了，對吧？」我點點頭，

他像是對著天上的雲朵，又好像是附和我的回應似地繼續說：「很好。那麼 iPhone 是哪一年推出的？2007 年？現在的 iPhone 比 20 年前的超級電腦還厲害。許多在 1980 年代無法治癒的疾病，如今都能夠治癒了；許多很難動的手術，現在都因為器械精良而輕鬆、安全許多。那麼，再用這樣的速度，不，用比這更快的速度，而且是加速度，指數型態地發展 100 年，你覺得那個到 2115 年，屆時已經 100 歲的新生兒，還會因為當今這個時代的一百歲人瑞老去時的那些病痛原因，而失去生命嗎？」我說出「不會」的同時，好像看到一張嬰兒的臉出現在我眼前，難道是曬昏頭了？

　　亞隆繼續說：「對，不只不會，而且他還可能得到很先進的治療，延長個 20 或 30 年壽命可活，然後，在那 20 ～ 30 年間，又會再發生往年需要 100 個年頭才能發生的科技跳躍。接著，那個孩子（當時他已 120 歲）就可能再多活 40 歲，只要 3 ～ 4 次的科技跳躍，只須確保每次的科技跳

躍，都能指數型地延長那孩子的壽命，那麼每次延長 40，80，160，320 歲，一路累加上去，要能活到 1000 歲，也就不奇怪了，不是嗎？」

在奇點大學，你很難對指數型的發展說不（可能），我看著天空中似乎不準備移動位置的太陽，若有所思地點點頭。

在結束了與亞隆的討論之後，我忍不住想著這個千年後還活著的孩子，現在究竟在哪個保溫箱，或是在哪個科學家的地下室裡，哇哇大哭或沉沉睡去。

10 年相差千歲

劍橋大學醫學專家艾伯‧得桂（Aubrey de Grey）在一場 TED 演講中，清楚說明為何人類能活 1000 歲。

他以「人體機械」（Body Machine）的概念，描述我們稱之為「皮囊」的這個東西。

　　若人體是某種零件系統，那麼就有幾種大方向來延續這組機器的運作時間。一、初始的優化（基因改良）；二、不間斷的修復（基因修復與基因治療）；三、零件的更新與替換（器官移植或疾病治療）。其中，以第二項：修復為核心的長生概念，成為他最重要的理念。

　　初始值一旦設定了，在老年期所發生的病痛，多半來自青壯年生活中所累積的基因破損／破壞，只要能夠透過系統性的管理或防堵這些破壞，人類就可以有效延長壽命，直到能讓我們活到 120 歲的科技來臨，然後讓我們活到 160 歲的科技也會來臨，接著 240 歲、420 歲……

　　根據他的計算，有幸能夠趕上一波又一波連續的科技突破，並順利活到 1000 歲的人，跟趕不上最後一波科技革命而活不到 1000 歲的人，兩者的出生日期很可能只相差 10 年！也就是說，目前 10 歲的孩子，便是那個活在「能不能活到 1000 歲」的邊界的人；而剛出生的新生兒，則很幸運地得以越過那個活到千歲的科技邊界，又或者說，搭上了足

以讓人不斷延長壽命的科技列車。

　　覺得難以想像嗎？ 20 世紀的美國人，平均年齡只有 48 歲，而 19 世紀時更是低至 37 歲。那個年代的人們，大概很難想像我的外婆目前高齡 90 仍然勇健，那麼如今的我們，很難想像自己可以活上 300 歲，好像也是很正常的吧？

　　生物因為有死亡，所以交配、繁衍，並且試著演化出更好的生命型態。但若沒有死亡——或者說幾乎沒有死亡，那麼是否生命／演化本身，進化的速度就會變慢了呢？是否死亡本來就是造物者的設計之一？為了讓我們不斷地，更快地，變得更好？

　　活得長、活得久，是不是一種相對的概念呢？我們現在覺得活 1000 年很久，每隔 1000 年，人類才會演化一個世代，好像很長、很遠、很慢，但相比能夠活上幾千年的大樹而言，是不是也是很正常呢？又如果與宇宙中芸芸眾星的壽命相比，人類幾千年的歷史，是否也僅是曇花一現？就如同

七日之蟬，難以想像我們的 70 年壽命是如何地漫長。

　　如果科技真的得以讓身體的細胞損壞降至最低，並且在老化過程中不斷高速修補，那這樣的系統真的也能夠套用在腦神經或腦細胞上嗎？如果腦神經修補了，防止損壞了，那麼我們的思考能力也就得以保持了嗎？我們的道德訓練也一樣維繫住了嗎？我們的靈魂和智識能力，又會不會老化或損壞呢？有沒有可能我們的肉體能夠存活千年，但我們的思考能力卻跟不上那樣冗長的時光考驗呢？我們的腦容量準備好 1000 年的回憶嗎？我們能夠繼續思考已經思考了 1000 年的疑惑嗎？

　　谷歌旗下的風險投資公司 Google Venture，其執行長馬利斯（Bill Maris）在接受《彭博新聞》的專訪裡，透露他們現在正投資許多與生命科學有關的新創公司，其中有些技術讓他相信，人類將有機會延長壽命到 500 歲。因為基因科技發展的速度，現在剛出生的孩子，都可以在變老以前獲

得改良。Google Venture 看到的未來，即便不那麼誇張說人類能活到 1000 歲，想必也有 500 歲。

　　你想活到幾歲呢？嗯，我大概永遠碰不到那「千歲邊界」，也搭不上那班「延壽列車」，但我還是私心期待，若能活到 150 歲，也不錯了。

剣橋大學醫學專家艾伯・得桂的 TED 演講：
〈我們可以避免老化〉

6 「上傳」一顆腦

　　開學沒多久，許多人就被嚇壞了，更準確地說，我們都被生物、奈米科技專家的演講給嚇壞了，尤其是上完麻省理工學院合成生物學教授，艾德・博伊登（**Ed Boyden**）的課。

　　博伊登教授長得完全就像美國影集《宅男行不行》（The Big Bang Theory）裡的天才科學家，演講開始前他播放了一個禁止我們拍攝的私人實驗影片，影片內容是有隻老鼠的頭部被光纖連接到電腦，研究人員在電腦上利用程式控制光纖訊號的傳輸，來控制老鼠的行為。

　　影片中，光纖線亮一下，老鼠就開始往右不停打轉；光

麻省理工學院合成生物學教授艾德·博伊登

纖線閃兩下，老鼠就往左打轉；當光纖暗下來，老鼠便停住不動。看完這個影片之後，我整個人大為震撼。

往左往右，不由你的腦決定

　　簡單說，博伊登教授找到了「駭」入動物頭腦的方法。他破解了大腦內部運作的祕密，並且成功利用外部裝置控制它。

　　他將光敏蛋白基因植入腦細胞，結合一條連結電腦與鼠腦的光纖裝置，以電腦程式選擇性地刺激 —— 啟動或關閉 —— 特定的神經元細胞，成功地精準控制老鼠的大腦，「遙控」老鼠做出實驗人員要牠做的特定動作。

　　博伊登教授在 2011 年 TED 的演講上，曾展示過有線連接版的「光纖滑鼠」實驗照片，並對著觀眾預言「大腦將能被複製」；當他來到奇點課堂時，他播放的影片當中光纖連接線已經不見，取而代之的是老鼠頭上覆蓋著一個小小的黑

盒子——「無線光纖傳感器」，來控制老鼠大腦運作，沒想到對腦的控制已經從有線進步到無線的了！（可惜那段影片太過機密，我們不能拍照）。

　　他用「大腦協同處理器」（Brain Co-Processors）來稱呼他正在進行的下一個階段實驗 ——用與前一個實驗類似的技術，擴展動物（人類）大腦的能耐，讓電腦幫助大腦，對環境、決策，蒐集資料做出反應，做出決斷。

　　今天在老鼠身上可以有效運作的方法，未來是否有可能運用在人身上？如果今天能夠控制一小部分大腦，那麼只要給科學家們足夠的時間，5 年、10 年後，是否就能精準地控制整顆頭腦？博伊登教授的研究其實就是找到了解析大腦的方法，今天控制大腦裡的一小組功能（例如老鼠的走向），那麼假以時日，是否就能將整顆大腦「解碼」，甚至將解碼的成果儲存、備份起來？如果能夠「備份大腦」，那是不是就能將之「上傳」至雲端？如果某顆特定的大腦可以被解碼、儲存或者上傳，那麼是否就能夠被複製、下載？「下

載一顆腦」，然後像視窗作業系統一樣，重新安裝？

　　無論在奇點大學的課堂上，或是他在 2011 年的 TED 演講上，都有人問他上述問題。而他的答案，都是肯定的。他認為，未來人們將能解譯大腦每一個神經元叢集的功能和運作細節，那麼大腦的修復、備份、上傳、下載，甚至重製，理論上應該都能做得到。

　　看完 2011 年 TED 的演講影片我已感到相當震撼，而在奇點大學裡，能親眼看到他展示這一、兩年該技術的進步，那更是無法想像的一種思考重組過程。上了這堂課之後，我突然發覺，諸多科幻電影裡的情節，在可以預見的未來都不是天馬行空的異想。

麻省理工學院合成生物學教授艾德‧博伊登
在 TED 的演講：〈談神經元的光控開關〉

7 | 未來商機在哪裡？

　　電子前鋒基金會的前主席布萊德‧坦普頓，到奇點大學與學員們分享未來的數位大趨勢，從 256 位元加密到黑暗網路（Dark Net）；從自動車到人工智慧；從第三方支付到比特幣，無一不讓我聽得如痴如醉。

　　除了坦普頓教授來講課之外，也邀請曾在白宮工作過的暢銷科普書作者，目前是美國德州大學能源市調機構總監的雪瑞兒‧柯珊保（Sheril Kirshenbaum），與學員們分享科學與政治間的互相影響。

　　再來是我最喜愛的講者，史丹佛大學未來學教授保羅‧沙佛（Paul Saffo），在演講中他不時拿起道具證明指數型

時代的發展，也用許多數據和圖表，釐清我對指數型時代發展的懷疑。例如他用電腦儲存裝置的隔代演進，展示了一項科技的指數發展，也就是說即便某一技術遭遇發展瓶頸，還是會因應需求，誕生下一個相似，但離發展瓶頸尚遠的新技術，把這波即將死亡的指數型浪潮再次推升。就這樣一波又一波，造就了如今已經超過 50 年還沒有停止演進的指數型發展。

課堂中，義大利籍學員，同時也是量子物理學家的瑞卡多，總是不顧他人眼光，一逮到機會就搶著對講者詢問一個又一個尖銳問題。但也由於他的發問，講者的補充回應更加深了大家的學習機會。

在演講後，有人很直接地問他：「老師，您給我們很多啟發，但是，您能不能直接告訴我們，究竟哪一個領域會是未來 30 年當紅產業，這樣我們就不用猜，直接往那邊著手就好。」語畢大家不禁都笑出聲，顯然大家都覺得這問題有

些過於直接，但不得不承認，每個人都想知道答案。

　　沙佛教授出乎意料地明快給了大家答案：「生物學＋資訊學」。他毫不猶豫，即刻回答，讓大家嚇了一跳，使所有人不得不聚精會神地聆聽他的說明。

　　簡言之，因為電腦計算速度的指數型演進和儲存容量的高速發展，以前難以處理的生物數據（Bio Data），透過大數據和雲端科技，便可做到許多以前沒辦法做到的分析，甚至有可能解決疾病、老化等問題，「這兩個過去沒有大量合作，但也早該有更多合作的領域，接下來將會有更多的共同發展，解決許多人類生存的根本問題。」

　　回想當時他在課堂所言，不禁讓我憶起我曾與某位研究領域是影像分析和訊號處理的學者對談，他的研究題目是大腦影像，最新研究成果是透過大數據和機器學習（Machine Learning，某種人工智慧的處理方式），讓機器可以從腦波裡「看見」人眼所見的影像，目前最新進展是能夠看見 4 像

素，沒錯，只有 4 像素，與目前數位相機的解析度相差十
萬八千里，但是別忘了，能看見 4 像素，就有機會進展到 8
像素、16 像素，只要再幾次變革，就能進展到千萬像素的
水準，到時，電腦又能幫我們「看」見什麼呢？

💡 20 年前是科幻，如今的創業好點子

　　課堂上又有人接著問：「如果未來可以預測，那麼若是
我們要創業的話，該如何找到那些在未來能夠獲得大成功的
最新科技，並加以發展呢？」沙佛教授的回答再次跌破眾人
眼鏡。

　　他說：「如果要創業，建議大家不要往前看，而是回頭
去看看那些 20 年前數以百計的優秀人才、創業公司，想盡
辦法要完成卻沒辦法完美提供的服務，或許那就是最好的
機會。為什麼？因為許多科技的趨勢，其實 20 年前就能看
見，但當時時機還不成熟，科技也還不夠完備。不過需求

顯然已經存在，才有那麼多人前仆後繼地想要挑戰。」聽他這麼一說，我心有戚戚焉。就傳播領域來說，20 年前就已經在討論串流影音、線上直播、行動轉播等可能性，但等了 10 年才出現 YouTube；再等 5 年才出現線上遊戲直播平台 Twitch；又再等 2 年，Twitter 才在 2015 年推出第一個行動直播應用程式 Periscope（這部分台灣倒是先進，前台灣谷歌軟體工程師 Sega Chen 早在 2011 年便創辦 Livehouse.in 線上影音直播平台）。

回到沙佛教授的答案，「在科技不完備的狀態下，還是有許多人前仆後繼地想要完成那個題目、那個服務，這表示這股需求非常強烈，人們就是想要早點擁有那樣的東西。有強烈的需求，是成功服務的基石，這時候，你應該回頭撿回那個題目，好好檢查那個服務或那個需求，是否在這個時代，或者在日後的 3 年、5 年，就能成功獲得解決方案，如果是，那就是個好題目。換句話說，如果我們往回看，就會發現那些當代最新的技術，其實很多方面都還不夠成熟，就

算需求旺盛，我們也很難精確掌握才剛誕生不久的技術，並提供完整的解決方案或服務。」想想如今的虛擬實境浪潮，其實從 1960 年代末期開始發展起，到 1980 年代逐漸有成品出現，到了現在，谷歌研發的頭戴式虛擬實境眼鏡已經出貨 50 萬支，這中間也整整經過了 50 年；而再看看當今蔚為話題的自動車，也是早在幾十年前就有人想像過、挑戰過，如今總算開花結果。

　　從這個角度思考，我們又能掌握到多少 20 年前只是夢想，如今技術其實已經悄然成熟的服務呢？如果真的發現，請不要猶豫，或許這就是改變世界的大好機會！

電子前鋒基金會前董事主席

布萊德・坦普頓

史丹佛大學未來學教授

保羅・沙佛

德州大學能源市調機構總監

雪瑞兒‧柯珊保

8 2014 奇點大學的研發成果

　　許許多多在自己國家擁有傲人成績,和在各自領域學有專精的人們,一同飛越千里來到位於 NASA 研究園區裡的奇點大學,在短短 10 週之內組織出一個又一個不同的團隊、故事,和研發成果。

　　但由於時間短暫,就算這些學員們各個智商超高、創造力驚人,也不可能有諾貝爾獎等級的發明在這裡誕生(不過隨著指數型科技的發展,也許過幾年之後會有?)。

　　回過頭來審視每個小組的研發主題與創造過程,這趟學習之旅不僅讓我眼界大開,我也從中認識許多改變世界的不同途徑,而就身為學術界一分子的我來說,能親眼見識到這

些想法的誕生，更是令我感到興味盎然！

💡 從改車到解決汙染問題

　　以墨西哥籍學員賈維爾為首的 EMC 團隊，運用小隊僅有的 2000 美元加上透過人情壓力募資而來的 1500 美元，成功將一台二手車改裝成油電混合車。為何說是人情壓力？因為在他們進行募資的那幾天，不時會看到 EMC 的團隊成員跟大家揮手問好，然後他們會走到眼前，詢問可否捐錢？如果還沒捐，他們會把筆電打開放在你面前，再等你輸入信用卡資料。

　　記得我後來捐了 50 美元才總算逃脫……他們湊齊 3500 美元後，從中國工廠採購了一顆汽車用的油電混合燃料引擎，並且到二手車市場上買了一輛老爺車開進園區，接著找來幾個大漢，把油電混合引擎掛上那台二手車。

　　EMC 團隊的目標是希望透過低廉的價格，從中國引入

EMC 團隊成功將
普通二手車改裝成
油電混合車

技術和產品，協助南美洲國家把大量汽車改裝成油電混合車，解決像巴西、墨西哥那樣擁有大量舊型汽車的國家持續已久的高汙染問題。並不是每個人都喜歡他們的計畫，許多人，包括我，覺得他們根本就只是為了想玩車才執行這個計畫。

　　然而 EMC 團隊回到墨西哥後，受到許多當地媒體報導，或許對他們而言，用低廉的價格把汽車改裝成油電混合車，真的是一項既省錢又環保的生意。

開發智慧牙刷，更有效的健康管理

　　Mitera 團隊，集結多位被稱作是必勝團隊的當然人選，成員有量子物理學家、谷歌工程師、執業醫師，以及微機電硬體工程師等。他們的研發題目為：透過日常行為，讓智慧型裝置蒐集人類體液或細胞，以進行更有效的健康追蹤和管理。

　　該團隊把超級小的奈米管，裝在一起變成一根一根的牙刷刷毛，當某人在每次刷牙的時候，這根智慧牙刷就能蒐集人類的口腔細胞，而安裝在牙刷根部的微電腦便會開始分析運算。而這個研究主題，也讓他們順利取得在結業式上台簡報的機會。

　　附帶一提，這個人人都想加入的菁英團隊做起事來非常拚命，但內部的爭執卻相當嚴重。當一個團隊裡每個人都想當主角，每個人都想主導團隊的研究命題，而且每個人都不想輸的時候，將會為團隊帶來災難。

　　據我所知，Mitera 團隊在過程中換了好幾次題目，有好幾次團隊裡的一、兩位成員在社群裡大吐苦水醞釀離開，但最後團隊中的核心成員，義大利籍量子物理學家瑞卡多挺身而出，使團隊最終不致分崩離析。

　　雖然據聞 Mitera 團隊成員目前已各奔東西，但如今回想起來，Mitera 團隊的結業簡報仍然在我腦海裡難以忘懷。期待有一天，能看到他們其中幾位的最新研究成果，在世界

的某個角落發揚光大，並真的改變世界。

致力掃除邊界地雷

　　純粹由女性學員組成的 Bibak 團隊，成員分別是義大利籍的比菲、澳洲籍的魯斯特、祕魯籍的安卓拉岱。因為某次偶遇，我開始與她們閒聊起她們的研究主題。

　　她們說，有一種地底昆蟲，體內的酵素能夠有效溶解未爆地雷裡的某種重要啓動零件，把原先擁有極大殺傷力卻又很難有效尋找的地雷，變成沒有危險性的垃圾。

　　Bibak 團隊希望透過這個發現，結合智能探勘，把這些地底昆蟲有效散置在許多國家邊界極危險的地雷區，讓這些蟲子透過某種方式「找」出地雷，「吃掉」這些未爆雷的引線或重要零件。我聽了後不禁睜大眼睛，深感佩服。

　　接下來的時間，便有幾個人加上我們開始認真討論該如何對這些地底昆蟲做基因改造，讓牠們像趨光一樣受到地雷

的氣味或特性吸引，主動找出藏在土壤裡頭難以偵測的地雷，並且加以「攻擊」。不過最後該團隊改為研發某種簡單又低成本的設備來偵測地雷，且該設備被設計成能夠裝設在多種物件上，例如農業用卡車或無人飛行器，而且在地雷清除完畢後，這些裝置還能被重複利用在不同用途，例如農業種植與農田作物偵測等，也在之後獲得不少獎項。

縮短漫長的跨境通關程序

　　來自美國的艾密斯和來自巴西的亞希斯兩人，正在打造一個看起來像大型電玩機台的裝置。

　　他們這組的題目叫做「跨越邊界」（Border Pass）。這組的計畫靈感來自曾經旅行過數十國的探險家，馬來西亞籍學員阿里，據其他學員說泰國公主曾跟他有段情，甚至想把他納入皇室。而在周遊列國之後，他心想如果能夠縮短痛苦而漫長的跨境通關程序，該有多好。

　　「跨越邊界計畫」運用包含指紋辨識、護照辨識，以及三維人臉辨識等技術，希望提供一個快速、安全又有效的通關方法。艾密斯和亞希斯兩位都是頂尖的資訊工程師，他們在短短的幾天內便湊齊了這幾樣技術，把一堆儀器塞進一座機台裡。他們說，這次的簡報將不只說明整個計畫，也會做出實際的成果展現。說著說著，艾密斯很得意地打開電腦讓我看一段影片，畫面中有兩位長相一模一樣的雙胞胎少女，而「跨越邊界計畫」可以在短短幾秒，正確區分連人眼都難以辨別的雙胞胎姊妹。以我對影像辨識技術的了解，雙胞胎一直是許多辨識技術難以突破的障礙，而他們竟能在短短幾天之內就將這個裝置開發成形，實在令人難以置信。

☀ 在開發中國家列印住宅

　　以色列籍學員亞隆的團隊 Tridom，要用 3D 列印技術為

人口密集、高速發展的開發中國家「列印房子」。

　　3D 列印房子對我來說並不是新聞，但對很多人來說，剛聽到的時候大概下巴還是會驚訝得掉下來。

　　其實 3D 列印，是一種緩慢而精準地堆積塑料（或其他材料）的動作，如果利用足夠剛硬的材質，列印夠大的體積，其實印一棟房子一點也不困難，難是難在要如何印得好看、好住又耐用。亞隆是這期奇點大學學員裡最神通廣大的人之一，要見什麼人、做什麼事，他似乎沒有辦不到的，加上他的另一位組員，巴西籍的蓋德斯，家裡正好就在做建材與水泥材料，兩個人合作 Tridom 這個題目可說相當合適。

讓助聽器成為穿戴式祕書

　　Peared 團隊，結合微型穿戴式科技強化助聽器功能，讓助聽器不只能聽，還能看、能辨識、能提醒。由澳洲籍的牛津大學生物醫學女工程師葛拉漢、巴西籍喜劇演員兼科

技創業家谷恩、法國籍的簡報專家特希恩、奧地利籍的登山
專家暨高盛證券亞太區高級主管尼爾等四人所組成的超強團
隊，原先打算要放棄整個計畫，但最後藉著人工智慧、低功
耗無線傳輸等知識與技術的幫助，讓一開始不被許多人看好
的題目，成為一項令人矚目的計畫。

　　在會內決賽時，此計畫也得到校長柯茲威爾的大力讚
揚。

智慧戒指隨時監測健康狀態

　　不能不提到的是在奇點大學課程結束後，征戰世界各地
創新創業競賽屢獲獎項的 Hoope 團隊。其中包含烏克蘭美
女創業家伊莉娜、哈薩克生物學家達米爾，還有真正的「創
客」——來自墨西哥的厄內斯多。

　　在奇點大學教室旁的實驗工作室裡有各式各樣的工具、
飛行器和實驗器材，可以讓學員在裡頭動手實驗，或者拼拼

湊湊各種小玩意兒，而每回晃進去，幾乎都會看見厄內斯多。

　　這三位學員組隊，主要是想利用微型機電裝置，製造出人類史上第一個可以自動蒐集手指上微量血液的穿戴式智慧戒指。這只戒指將透過無線傳輸將血液的數值結合手機 APP 做分析並回傳至雲端。

　　雖然我個人並不十分看好這個點子，但他們畢竟在許多競賽中都入選決賽或獲獎，所以我也期望有一天能在 Apple Store 裡買到這只別出心裁的智慧戒指！

女性衛生用品的劃時代改革

　　獲得最多矽谷創投和主動聯繫的一組，是一組傳奇團隊 ──BeSense，他們試圖利用微型生物感測晶片，結合低耗電藍芽傳輸，將女性衛生用品「智慧化」，這個產品將每個月替女人即時分析、追蹤生理變化和健康

狀態，能對許多早期癌症和重大疾病做到提前警示。
這組團隊，由保加利亞籍工程師伊伐諾夫、阿根廷籍的連續
創業家維恩斯坦、丹麥籍未滿 20 歲的天才少女納瑟莉、丹
麥籍連續創業家瑟凱爾森、巴西籍女醫師谷琳，還有在谷歌
行銷部任職的波蘭籍女學員史塔瑞嘉，六人所組成的團隊。
這一組團隊，也是奇點大學創校以來第一個突破五人團隊人
數限制的團隊，而他們也一直是感情最好、也最積極尋求創
新突破的一組。

　　其實在計畫提出的時候，巴西籍女醫師谷琳並不看好，
也不喜歡這個計畫，因為從她的醫學專業角度來看，這個產
品根本不可能實現，也沒有真正實用的地方。但隨後她還是
跟隨奇點大學不斷灌輸學員們指數科技發展的信念，以及對
於其他團隊成員的信任，於是她最終還是與團隊一起做完計
畫。

　　谷琳的心情我多少可以理解，那種在心裡不斷產生的反

感、對計畫可行性的懷疑，其實正是許多擁有專業技能，在本身專業領域非常熟悉的人經常會有的偏頗。只信任自己已經熟悉理解的事物，卻很難放開心胸去思考自己不熟悉的事物（例如指數型科技），甚至相信這將能在很短的時間內帶來前所未有的衝擊性改變。

藉由這團隊的故事，我也提醒自己今後要對看似不可能的計畫，抱持更多的勇氣和更多的信心，千萬不能讓線性思維下的不可能，埋沒了指數型科技發展的可行性。

跨越邊界計畫

BeSense 研發成果

改革女性衛生用品的
BeSense 團隊

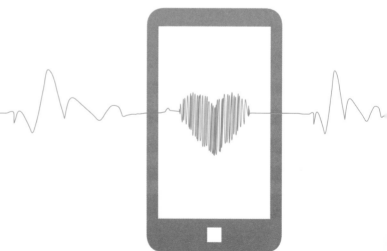

奇點大學教我的事

○ 科技的加速發展，人類社會最終將會往富足與民主化的道路發展。

○ 隨著指數發展的科技演進，人們都該拋棄舊有的線性思維，讓思考得以符合時代的變化。

○ 未來，人工智慧、機器自動化將會給整個人類社會帶來巨大衝擊，我們都該事先做好準備。

○ 當人愈來愈長壽，該如何處理積累的記憶，以及度過漫長的生命，將成為首要問題。

○ 一個改變 10 億人生活的計畫毋須驚天動地，把老爺車改裝、改造助聽器與女性衛生用品，都是好點子。

Chapter 4

奇點之後

指數型科技的浪潮，很明顯地已即將拍打上岸，席捲整個社會。每一個衝擊，都是當代人類該提前論辯、擔憂的，而曾為科技之島的台灣，也早該投入思辨，只可惜目前尚未有太多聲音。

♥　留言

奇點之後的改變

　　從奇點大學回來後，我最常被問到的兩個問題是：「你現在在做什麼呢？」「去到奇點大學，給你帶來最大的改變是什麼？」

　　第一題比較容易回答，我總是說「職業」「志業」「創業」三者並行，但第二題，就比較難了。

　　回想起來，在出發前我的心情是複雜的，既非常期待，但又不想因為太過期待而失望。因此，我做了一個特別的決定，那就是盡可能不去搜尋更多有關奇點大學的資訊，不只是「不期不待不怕受傷害」，也是希望讓自己保持如同一張

白紙的樣貌，盡可能擁抱未知，盡可能吸收更多，不受自己
主觀意識的期待或喜好影響。

　　讓自己歸零，成為一個沒有偏見的人，就像一個純粹的
介面，像一台清空的卡車，我將為了那些贊助過我「前進奇
點計畫」的人們、朋友以及我生長的土地——台灣，帶回最
多的資訊、知識和內容。因為在離開奇點大學前，許多教職
員也一再強調，當我們結業各自回國之後將會「變得很不習
慣，甚至有點痛苦！」

　　因為，我們在奇點所討論的，是人工智慧取代人類智慧
的機會和風險；是自動駕駛和無人飛行器如何幫助聯合國救
災；是奈米科技如何製造成一個未來的碗讓我們可以從手
機裡讀到吃了什麼；在這裡，也討論量子電腦（Quantum
Computer）、奈米衛星（Nano Satellite）、汪汪幣和萊特
幣（Dodge Coin 和 Litecoin，比特幣的潛在後繼者），甚
至在課堂上模擬未來法庭，辯論的題目是未來反機器人幫的
恐怖行動等。

這些思維邏輯和討論方式，以及對指數型未來的樂觀或確信，都將可能大幅提高和其他人溝通上的困難。

據說最常發生的情況是，奇點學員回國後，非常積極地想要改變社會和政府面對未來的方式和態度，但因為我們在奇點所看到的、聽到的、學到的未來，實在太難以立刻說服或傳遞給他人，並且讓人同步感受到指數科技和奇點臨近的急迫感，這樣的孤立和無奈，便容易造成奇點學員回國後陷入一種無力情緒，甚至憂鬱。

那我呢？我回國之後，腦海裡一直想著：果然沒錯，思維方式真的被改變了呢。

思維模式的徹底翻轉

出國前，我原本還熱中於網路、App 創業相關主題，著迷於一些穿戴式科技，例如智慧手錶、iBeacon（一種藍芽低耗電的感應技術，由蘋果主推，目前已布建在全美 254

家 Apple Store）之類的，也一直希望能再做出新的應用，
甚至開了新的公司。一直到前進奇點大學前夕，我還在拚命
地推薦自己的創業構想。

　　然而去了一趟奇點回來，回頭看看曾經著迷的主題，突
然有種在看 15 年前的科技的感覺，心裡清楚地感覺到，那
些都只是當今「觸碰革命」的延續，不太可能改變人類的生
活。

　　從奇點大學回來後，不能說我就變得像柯茲威爾教授一
樣能夠準確預測科技未來的發展，但是下一次人類生活劇變
的內容和位置（無論是進步還是震盪拉扯），我逐漸能夠清
晰地在感官視界裡畫定座標。

　　在柯茲威爾教授的個人紀錄片 ——《卓越之人》
（*Transcendent Man*）裡，導演透過鏡頭詢問他，為何能
夠準確地預測那麼多未來事件（包含 IBM 電腦「深藍」在
西洋棋盤上擊敗人類、蘇聯垮台等），他回答，從小他就很

能夠理解科技，並且慢慢發現科技的演進有著指數型的趨勢，透過那些已經累積的發展，預測那些科技可以達到、也一定會達到的樣貌，雖然無法真的實作出來，但他可以描述。透過那樣的猜想、預測，從年少開始所想像描繪的未來，一一按照既定的時間點發生，之後就像不斷練習就能得到更好的成果一樣，只要科技的發展符合先前的描繪多次，接著就更能順利預測未來科技所應發生而未發生的改變。也就是說，預測未來並非算命。

　　指數型科技的浪潮，很明顯地已即將拍打上岸，席捲整個社會。每一個衝擊，都是當代人類該提前論辯、擔憂的，而**曾為科技之島的台灣，也早該投入思辨**，只可惜目前尚未有太多聲音。

　　在過去，你的幻想得要很久以後才實現；如今，你最瘋狂的想像，將比預料的時間還要更快來到。

　　對科技發展的錯誤樂觀，肇始於指數型科技才剛啓蒙，

以及線性預測的過度直率和樂觀。例如被喻為科幻小說之父的法國小說家朱爾‧凡爾納在 1866 年的作品《從地球到月球》，再被喬治‧梅里愛於 1902 年翻拍成被喻為第一部科幻電影的《月球旅行記》，當時他們認為人類大概很快就能離開地表前進月球，但等了足足近百年，阿波羅 11 號才成功登月。

　　然而，到了某個交會的時間點以後，或許是 1969 年的網際網路發明時，又或者是 Google 的誕生，或蘋果二號電腦的問世，總之，世界的邏輯在那裡交會反轉了，指數型科技的加速發展（曲線），突破了人類的線性思考局限（直線）。因此，人們再怎麼想像，基本上都低估了科技發展的可能，我們的樂觀也將一再失準，這回不同的是，即便再怎麼樂觀認為某個科技革命會很快來到，它都會比我們所猜測的時間更快來臨。

　　無論我們現在是在那個交會點之前，之後，還是正在當下，都不得不否認的是，科技發展的速度和我們的想像，已

經愈來愈靠近，愈來愈難以分別。**科幻與現實的邊界正逐漸
模糊。**

　　過去的科幻電影以人工智慧為題，而如今人工智慧早已
深入 Google 的演算法中，也早已偷偷在我們的日常生活中
扮演各式各樣的角色（Siri，Google Search 等），過去的
科幻，早已以迅雷不及掩耳的速度，一一變為現實；而如今
的科幻，又或者奇點之後的未來，又是什麼樣貌？關於這
點，我們需要更多新的科幻小說家替我們填補、創造新的樂
觀預期，或是指數型預測，同時，這也是回到台灣以後的我，
不斷思考的一個大問。

奇點大學結業證書

2014 奇點大學學員大合照

2

在指數型科技時代，
找到自己的定位

　　最近我常到許多地方演講，分享奇點大學的學習經驗和
體會。

　　我希望傳達給聽眾的是，除了引導大家思考指數型科技
的發展之快讓人不得不投以注目眼光之外，究竟人們該如何
在這樣科技起飛，而且是指數型高速起飛的時代，找到自己
的定位，以及自我存在的價值？

　　我總和年輕人們（包括自己的學生）說，大學四年，或
是說整個求學階段，唯一要做的事，應該是**找到自己的「才
能」和「興趣」**。

什麼是「才能」，什麼是「興趣」？兩者的分別又是什麼？我們很少討論這些。

古典的教育方式總是教我們回答問題，要我們讀書，讀書就是我們年少時代的唯一方向。但事實上在這個時代，弄清楚這兩者的意義和價值，某種程度上來說比埋首苦讀要重要得多。

「才能」，是指從事一件事，縱使只花 1 小時，不知怎地就是可以得到比別人努力做 10 小時還要好的結果；「興趣」，是指就算很努力地埋首 10 小時，說不定成果卻只等於別人努力 1 小時，甚至更差，但過程中就是非常快樂，比誰都快樂 10 倍，不計較結果。

人生當中，如果能找到自己的「才能」所在，那我想是一件非常幸運的事，說不定能因此找到理想工作，也能換得不錯的薪水，當然也可以推論生活不虞匱乏。

不過如果能找到自己的「興趣」所在，我認為也是一件

非常幸運的事，因為就算生活不那麼完美，也還是能獲得快樂；而且因為是一件做了能讓自己感到快樂的事，只要拚命做，拚命練習，就算不能做得比有才能的人更好，也總能得到不比他們差太多的結果，只要持之以恆，想來也還是能過個不錯的生活。

　　如果我們能找到一件事是「興趣」和「才能」兼具的，也就是你做這件事，做得比別人好，又比別人快樂，那你的人生就算不是飛黃騰達，也不至於太差。

💡 改變世界的時機，就是把握現在！

　　我經常在演講中分享，這是一個科技呈指數型成長的時代，這意味著所有事物和社會的變化，都和以前相比呈現等比級數的成長，只要 30 個週期的改變，就可能帶來 10 億 7000 萬里的差異。

　　而我們該怎麼跟上這樣的時代？我認為，找到讓自己的

「興趣」與「才能」兼具的事，就是答案。

　　「在你心中，在地球上度過完美一週的方式是什麼？」
這是我近期看的一本書《發明癌症試紙的男孩》中，最敲擊
我心的一句話。

　　科技和知識因網路發達所造成的民主化現象——例如
80 年代，堪稱國家級最高機密和頂尖實驗室裡才可能出現
的研究器材和設備，如今隨時上網訂購就買得到；打開筆記
型電腦（或是口袋裡的智慧型手機），就能隨時取用自古希
臘亞里斯多德時代以來所累積的所有知識——讓當今的人們
找到「在地球上度過完美一週的方式」變得更為簡單，甚至
只要全心投入，某一天我們之中的某個人，便可真的達到改
變世界這個目標。

　　這是指數時代帶給我的最大啟發，而我也希望將這樣的
啟發，盡量傳達給每一位我遇見的人，因為我認為這是當今
時代都該具備的基礎思維。

　　所以無論你現在幾歲，身處何種領域，我認為當下隨時都是機會，就看我們是否能夠及時把握，讓我們登上屬於自己的舞台，進而改變世界。

3　備妥你的「奇點力」

　　自從我從奇點大學回來，經常會在「奇點臺灣」這個臉書粉絲團，發表我觀察到、閱讀到的指數型時代新知，包括人工智慧在 24 小時之內，從不會玩電玩遊戲「瑪莉兄弟」到完全破關、美國第一台合法運送藥品的無人飛行器已經上路、第一屆全美無人機大賽冠軍出爐，他是個澳洲人、人類史上第一架橫越大西洋 48 小時不落地的全太陽能飛機順利降落中繼站、人工智慧電腦解出人類生存的目的等，還有，谷歌現在不只可以搜尋，還會「做夢」了！

　　在這樣的指數型時代下，人類的生存之道是什麼？當很

多事，電腦、人工智慧、自動機械都做得比人類要好，我們存在的方式是否需要改變？工作的形態是否需要轉變？下一代的教育是否需要重新開始探討？現在的孩子需要怎樣的技能才得以在 2045 年——奇點大學校長柯茲威爾口中「電腦將超越人腦、擁有意識」的那一年——這樣工作、那樣生活，進而改變世界？

　　在奇點大學就讀時，我便不時思考這個問題：**究竟什麼樣的具體思維、能力，會是下一世代的人類所必需具備的**？當機器人與人工智慧可以將幾乎一切都做得比人類更好的時候，當機器人可以設計甚至能夠製造機器人，而那些機器人又能夠替人類服務、解決問題的時候，人類的基本價值又該回到哪裡找尋？

　　我不停地觀察與思索，後來歸納出一組答案，也在許多演講場合分享這個結果。我的答案是：「**創意**」「**哲思**」與「**大膽**」。這三個層面，將是次世代的孩子們所必需擁有的

核心價值與能力。我把它們通稱為「**奇點力**」（因為是人類到達科技突破點：奇點時，所需具備的能力）。

　　首先，是務必成為一個有創意的人。

　　我認為機器的創造或創意，在短時間內大概還沒辦法做得比人類更好。賈伯斯說，「創意，就是連結看似無關的點，創造出全新的圖形，創造價值。」機器或人工智慧的「大腦」當中，確實有著無窮盡的知識和思考「點」，但要連結哪些看似無關的許多點，又如何連結成前所未有的圖形（也就是創造物），這部分對電腦或人工智慧來說，或許還有些難度。機器創造或機器創意，又或者更具像地說，機器人藝術家、設計師，大概短時間——15 到 20 年內——還不會出現。之後的發展很難說，但短期內創造性的事物，還是人類的強項。看看賈伯斯如何催生 iPod，電話轉盤、白色陶瓷、數位音樂、1.8 吋的超微型硬碟，這些資料電腦都有，機器人也都知道，但要如何選用、配置，人類還是比機器人更能

理解人類的感受。

　　再來，是成為一個具有哲學思辨能力的人。

　　在很多演講的場合中我都會提及，要成為一個有創意的
人，得累積許多看似無關的經驗，進而幫助自己創造新事
物。具體而言，就是成為一個「涉獵很廣的人」；然而我也
知道，不是每個人都對於成為涉獵廣泛、博學，進而能夠創
造或創新的人有興趣。因此，還有第二條路，可以在 30 年
後的指數型未來求生──成為一位涉獵不廣，但卻鑽研很深
的人。

　　如果你喜歡一件事物，那就深入地去了解它，去理解自
己為何喜歡這件事物，別人為何喜歡或不喜歡，這件事物是
如何被創造出來的，有沒有變得更好或更壞的可能？舉例而
言，如果你喜歡閱讀，就把閱讀這件事發展到極致，如果喜
歡《紅樓夢》，那就想辦法讓自己變成《紅樓夢》的專家，
甚至更誇張一點，如果你特別喜歡《紅樓夢》裡的一句話，

那麼就深入鑽研這一句話，成為這一句話的專家！這種深入研究、具有哲學思辨、情理思考的工作，電腦一樣不見得做得比我們好，在短暫的 20 ～ 30 年間，要出現電腦或人工智慧的哲學家，或許還沒那麼容易。

　　關於「做一個具有哲學思辨能力的人，並深入地學習、研究一樣事物」這個觀念，可能會讓許多年輕人有所誤解：如果我很喜歡打電玩遊戲，那是不是就可以一直玩，玩得非常深入、著迷？我所謂地深入、長期地做一件事，是指每深入一些，你就能獲得更多的學習和智識上的發現；每深入一層，都能呈指數型態地得到更多啓發與收穫。這樣的累積和成長，並不是一直打電玩或去夜店能夠得到的。

　　最後，是成為一個大膽的人。

　　我經常說，不是每個人都對於成為一個涉獵很廣的人，或是深入思考的人有興趣。這時候，你還有最後一個選擇，那就是成為一個大膽的人。

　　其實電腦或人工智慧在決策選定上總是遵從一個中心思想：風險最小，收益最大。但唯有一種決策，是只有人類自身才做得到而且可以承擔：風險很大，收益更大。放眼未來，無論機器人替人類處理多重要的工作，但最終的決策必然還是得由人類去做，到那個時候，你是否有觀測、衡量、承擔風險的能力，就是與機器人最不一樣的地方。

學會問，鼓勵問「為什麼」

　　以上是我對於因應未來時代，人類該具備何種能力的一些想法。

　　而奇點大學另一位創校者戴蒙迪斯，也曾經對這個問題，提出他的答案。

　　他在成為一位父親之後所發表的文章：〈下一個世代在指數型時代所需要的特質〉「What the Next Generation Needs to Thrive in Exponential Times」，點出了幾項重點：

「熱情」「好奇心」「想像力」「批判性思維」。前三點基本上接近我所提到的「創意」「哲思」與「大膽」，只是戴蒙迪斯又拆得更細，而每一個特質實際上都是引導一個人走向創意、哲思與大膽之路的先決條件。

　　至於最後一點的「批判性思維」，被戴蒙迪斯認為是最重要的能力，他說：「在一個滿是意見相左、矛盾對立、空口無憑、亂寫標題、負面新聞和錯誤資訊充斥的時代，你必須要學會批判性思維，才得以從一堆雜訊中找到對的訊號。」他認為這對孩子們來說，是最為困難的一課。

　　而批判性思維該怎麼訓練？我想人們得試著重新培養問「為什麼」的勇氣。

　　這世界沒有什麼是想當然耳的事，自然也沒有什麼是無法改變的。而對於那些還沒有長大的孩子，戴蒙迪斯的建議是，身為大人的我們應該**盡可能認真地思索、看待孩子的每一個「為什麼」**，因為那正是他在試著運用正萌生發芽的批判能力的時候。

　　唯有擁有更多會問為什麼的孩子，我們的社會和下一個
世代，才有可能在這個資訊充斥、科技領頭的時代下，找到
自己的位置。

彼得‧戴蒙迪斯的文章：
〈下一個世代在指數型時代所需要的特質〉

奇點大學教我的事

○ 在過去，科學幻想得要很久以後才會實現；如今就算最瘋狂的想像，也將比預料的時間還要更快來到。

○ 因應指數型科技高速起飛的時代，找到自己的定位，以及自我存在的價值，更顯重要。

○ 只要懂得運用日新月異的科技，加上全心全意地投入，每個人都有機會改變世界。

Epilogue

後記

後記

改變自己，改變世界

「2015 奇點創新台灣大賽」絢麗的舞台燈光和 LED 螢幕，至今我仍記憶猶新。然而，幾位奇點台灣大賽的參賽者在舞台上發出的光和熱，比起那些舞台裝置和設備，都還要更加耀眼與激勵人心。

時序回到比賽前，在龍潭渴望園區的「奇勵營」（為期五天四夜的營隊，白天須參加如野外求生的戶外活動，晚上則是小組討論時間），正當我分享完奇點大學的經歷與點滴，在場邊側錄的公共電視攝影師停止拍攝的同時，參賽者之一——也是台灣相當知名的盲人博士——甘仲維在座椅

上，緩緩抬起頭，用著嚴肅的神情、尖銳的眼神（即便我無法透過墨鏡真的看見）問道：「你覺得，你回到台灣之後，有持續在改變世界嗎？有沒有真的改變了什麼？」

那問題，像一道銳利又高速的箭矢，透過甘博士烏黑的墨鏡，冷不防地射向毫無準備的自己。我深吸一口氣，陷入深思。

事實上在回到台灣之後，我做了許多事，我鼓起勇氣，克服了內心的障礙和贊助者可能的質疑，登上小巨蛋，盡可能與更多的聽眾分享我在奇點大學帶回來的第一手經歷，也終於在花費一整年籌畫、找尋場地等準備工作後，總算成功舉辦「奇點台灣未來講座」活動，我和現場近千名觀眾，其中包含 385 位贊助我前進奇點的贊助者，分享了整整兩小時完整版奇點大學經歷，與後續思考。

不只是大型的分享，也不只是分享給奇點台灣計畫的支持對象，我也先後到了北一女中、板橋高中等學校做面對面

的分享，鼓勵年輕學子們放膽射月，不要怕去追逐夢想。此外，我也造訪廣達電腦、巨大機械、宏碁電腦等企業，分享我在奇點大學看到的商業機會，和改變世界的可能。

　　我更經常在奇點台灣的臉書粉絲專頁，分享我所看到的愈來愈多與指數型變遷相關的消息；也曾在知名女性網站「女人迷」的大型活動中，和近千名女性分享我在奇點大學所看到的女性開發者，與創業家的思考和實例。

　　我做了許多，也跑了許多地方，努力地分享所見所聞。有些與我相熟的朋友在不同場合見我見得多了，也建議我不要太常公開露臉，要藏鋒、要低調。但我認為，我還是必須盡可能地在各種不同場合，跟聽眾分享我在矽谷、在奇點大學所看到的許多與台灣不一樣的地方，以及許多台灣還沒有開始討論的議題。

　　時代變得太快，這個世界已經沒有時間等著我們十年鑄一劍，更等不了哪個有志之士結黨聚眾來改變社會。有些訊息的交流不能等，等了，就封閉了，落後了。

奇點創新台灣大賽

與北一女中學生座談

💡 兌現承諾，催生奇點創新台灣大賽

　　我曾經在募資影片裡這麼說：「我要去奇點大學，把奇點創新大賽帶回來，促成大賽初次在台舉辦。」回國後，除了處理個人事務和奇點講座之外，花費最多時間的就是催生這個奇點創新大賽。

　　原因在於這場比賽，不僅是由知名平面媒體主辦，還同時由公共電視進行整場比賽的紀錄，賽後甚至會有攝影團隊出班到奇點大學，做亞洲首次的電視媒體專訪報導（此報導已製作成〈改變世界看我的〉節目，預計 2015 年 12 月於公視播出）。這樣的形式，不僅是亞洲唯一，也是一項世界創舉，同時，也是台灣首度嘗試舉辦一個這麼大型的比賽。這場比賽雖然耗費鉅資，卻沒有太明確的商業利益回饋；此外，兩個合作單位，一個「商業」一個「公共」，完全兩種不同思維的企業卻在幾次磨合下，順利完成活動。

　　在台北遠東飯店九樓餐廳裡，我與來自奇點大學的創業課程共同主席珊迪・米勒（Sandy Miller）同席，「奇點創新台灣大賽」的主辦單位代表對我說，珊迪剛才看了我們替參賽者辦的活動以及甄選過程紀錄，她感到非常驚訝，也很滿意。

　　那一刻，我才真的相信，這個比賽真的要在台灣辦了，我們真的把奇點大學具體地帶到台灣，把奇點的創新概念化為一個人人都可以參加的活動，也把這扇通往未來知識的大門，開放給所有台灣的創新者，不需要經過募資或更多的努力，就能輕易嘗試。

　　在那樣的時刻，我才真的相信，一開始許下的承諾，在經歷重重困難之後，真的兌現了。

　　透過甘仲維的墨鏡，我看見的是我這段時間的努力，和整個環境給我的期待，我沒有壓力，只希望能做得更多。

　　最後，我回答：「也許，我還沒能改變世界，或者，終

究不能改變世界，但我很努力地做著各種可能改變世界的努力，包括散播知識、經驗，也包括舉辦這個比賽。最後，即便我真的沒辦法透過各種創新計畫，或者教書，或者寫書改變世界，但只要你們，你們其中的某一人，不管是到了奇點還是沒到奇點，能透過我、或透過我所催生、協助的事，我所分享的經驗談裡得到一些啓發，改變自己，進而改變世界，那我曾做過的種種努力，也便足夠。」

「奇點台灣」臉書粉絲專頁

http://www.booklife.com.tw   reader@mail.eurasian.com.tw

 118

放膽射月！全球最聰明大學「奇點」教我的事

作　　者／葛如鈞
文字整理／張耀心
發 行 人／簡志忠
出 版 者／先覺出版股份有限公司
地　　址／台北市南京東路四段50號6樓之1
電　　話／（02）2579-6600・2579-8800・2570-3939
傳　　真／（02）2579-0338・2577-3220・2570-3636
郵撥帳號／19268298　先覺出版股份有限公司
總 編 輯／陳秋月
主　　編／莊淑涵
責任編輯／許訓彰
美術編輯／黃一涵
行銷企畫／吳幸芳・詹怡慧
印務統籌／劉鳳剛・高榮祥
監　　印／高榮祥
校　　對／莊淑涵
排　　版／陳采淇
經 銷 商／叩應股份有限公司
法律顧問／圓神出版事業機構法律顧問　蕭雄淋律師
印　　刷／龍岡數位文化股份有限公司
2015年9月　初版

定價 320 元　　　　　ISBN 978-986-134-259-7

如果我還是學生,

奇點大學就是我夢想的學習之地。

——Google共同創辦人　賴瑞‧佩吉

◆ **很喜歡這本書,很想要分享**

圓神書活網線上提供團購優惠,

或洽讀者服務部 02-2579-6600。

◆ **美好生活的提案家,期待為您服務**

圓神書活網 www.Booklife.com.tw

非會員歡迎體驗優惠,會員獨享累計福利!

國家圖書館出版品預行編目資料

放膽射月!全球最聰明大學「奇點」教我的事/葛如鈞 著.
-- 初版.-- 臺北市:先覺,2015.09
224面;14.8×20.8公分.-- (人文思潮系列;118)
ISBN 978-986-134-259-7(平裝)
1.職場成功法 2.自我實現

494.35　　　　　　　　　　　　　　　　　104014065